BIBLIOTHÈQUE DES SCIENCES MAUDITES

ROBERT FLUDD

ÉTUDE DU MACROCOSME

Annotée et traduite pour la première fois

PAR

PIERRE PIOBB

TRAITÉ D'ASTROLOGIE GÉNÉRALE

(DE ASTROLOGIA)

PARIS (IXe)
H. DARAGON, LIBRAIRE-ÉDITEUR
30, RUE DUPERRÉ, 30

1907

TRAITÉ

D'ASTROLOGIE GÉNÉRALE

(DE ASTROLOGIA)

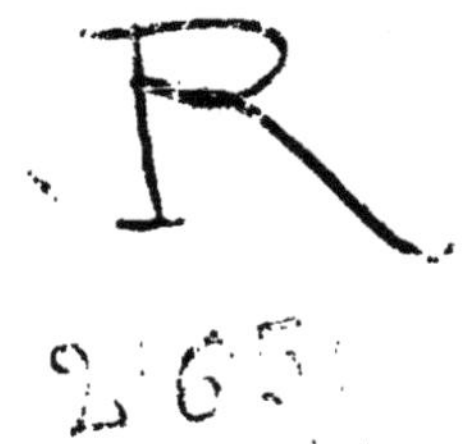

IL A ÉTÉ TIRÉ DE CET OUVRAGE :

600 ex. sur papier d'Alpha.
6 ex. sur papier de Hollande.
4 ex. sur papier de Japon.

A LA MÊME LIBRAIRIE

LA TRADUCTION PAR PIERRE PIOBB DE
L'ÉTUDE DU MACROCOSME, DE Robert FLUDD
SE CONTINUERA PAR :

T. II. TRAITÉ DE GÉOMANTIE (DE GEOMANTIA)
T. III. TRAITÉ DE MÉTAPHYSIQUE (DE MACROCOSMI METAPHYSICA)
T. IV. TRAITÉ D'ONTOLOGIE GÉNÉRALE (DE MACROCOSMI PHYSICA)

DU TRADUCTEUR :

FORMULAIRE DE HAUTE MAGIE, 1 vol...... 2 fr. 50

BIBLIOTHÈQUE DES SCIENCES MAUDITES

ROBERT FLUDD

ÉTUDE DU MACROCOSME

Annotée et traduite pour la première fois

PAR

PIERRE PIOBB

TRAITÉ D'ASTROLOGIE GÉNÉRALE

(DE ASTROLOGIA)

PARIS (IXe)

H. DARAGON, LIBRAIRE-ÉDITEUR

30, RUE DUPERRÉ, 30

1907

AVANT-PROPOS

DU

TRADUCTEUR

PRÉFACE

A l'heure où le domaine de la Science paraît s'élargir, où le positiviste commence à comprendre que la réalité existe peut-être aussi dans maint fait que jusqu'ici il avait considéré comme mystérieux, surnaturel et indigne par conséquent de considération, à l'heure où, par la découverte à jamais mémorable de la radio-activité, le matérialiste voit ses idées sur la matière légèrement bouleversées, où enfin le rationaliste est obligé d'admettre que les alchimistes du vieux-temps n'étaient pas autant à mépriser qu'on a bien voulu le dire, à l'orée de ce vingtième siècle qui sera certainement encore plus fécond en trouvailles que le dix-neuvième, le nom glorieux de Robert Fludd doit être remis en lumière.

Robert Fludd, par son savoir, par son esprit froid et positif, par sa pensée libérée de toute contrainte, par son génie enfin, a été, parmi les philosophes du commencement du dix-septième siècle, celui qui a eu la compréhension la plus grande, la plus nette, la plus belle de l'Univers en entier.

C'est, avant tout, un philosophe synthétique, un métaphysicien si l'on veut, mais un métaphysicien sans rêverie, sans mysticisme, sans littérature, qui raisonne, qui explique, qui prouve.

C'est ensuite un kabbaliste ; initié dans les cénacles de la Rose-Croix aux mystères de la cosmogonie et de la théosophie, il est féru de cet admirable système de philosophie qu'est la kabbale. Il s'en sert comme d'un outil merveilleux à l'aide duquel il ouvre à ses lecteurs les portes de la Connaissance.

« L'école kabbaliste, dit Ad. Franck[1], commence avec Paracelse au début du XVIe siècle et se prolonge avec Saint-Martin jusqu'à la fin du XVIIIe. Elle se divise en deux branches : l'une populaire et plus théologique que philosophique, plus mystique que savante, l'autre érudite, raisonneuse, plus philosophique que théologique, plus mystique en apparence qu'en réalité. A la première se rattachent Paracelse, Jacob Boehme et

[1] *Dictionnaire des sciences philosophiques.*

Saint-Martin, à la seconde Cornélius Agrippa, Valentin Weigel, *Robert Fludd*, van Helmont...

Chacun de ces noms que nous venons de citer représente véritablement un système distinct qui demande à être étudié séparément. »

Le système de Robert Fludd est vaste et complet. Il est éminemment matérialiste et panthéiste ; il exclut toute intervention volontaire d'un Dieu supérieur à la Nature, il admet la matérialité de tout : de la matière d'abord et de la substance ensuite. D'après lui, la Nature, réduite à sa plus simple expression, a évolué au point de donner naissance à un Agent universel, lequel s'est subdivisé en quatre Eléments et ceux-ci en plusieurs Elémentaires. Cela fonctionne comme une immense pyramide régulière à base carrée et par analogie, tout atome, tout corps, tout système de corps, toute partie de l'Univers et l'Univers lui-même est constitué de la même façon. C'est là la pure essence de la doctrine ésotérique, celle dont la Table d'Emeraude, d'Hermès Trismégiste, donne la clef dès le premier verset : « Ce qui est en bas est comme ce qui est en haut et ce qui est en haut est comme ce qui est en bas, pour faire les miracles d'une seule chose ».

Robert Fludd a concentré son systéme dans un ouvrage qui porte le titre de *Utriusque Cosmi Trac-*

tatus, qui, de même que ses autres œuvres, n'a jamais été réédité ni traduit en aucune langue, bien que chacun, depuis Kant jusqu'à Auguste Comte, ait été y puiser quelque idée sur l'Infini. Cet ouvrage est en deux parties : Le *Traité du Macrocosme* et le *Traité du Microcosme*.

L'un est un tableau de la Connaissance depuis la Divinité jusqu'à l'Homme, l'autre une étude de l'Homme au point de vue des Causes Premières. Chacun de ces traités généraux est subdivisé en traités particuliers. L'œuvre est homogène, quoique diverse, et conçue sur un plan préalable, donné dès le début, dont l'auteur ne s'écarte jamais avec cette admirable maîtrise de soi qui le caractérise.

Sous leur forme encyclopédique, ces traités constituent des ouvrages fondamentaux qui se recommandent à tous par leur clarté, leur précision et leur érudition : les occultistes, ces hardis novateurs qui osent reprendre des études que les savants des écoles craignent ou n'avouent pas, y trouvent une exposition logique et rationnelle de la doctrine éternelle; et les savants des écoles, ces hommes de science pure, qui n'ont, au demeurant, que le tort d'affecter de croire que le positivisme n'existait pas avant eux, y verront, non sans surprise, que leurs conceptions les plus hardies, — les plus rationalistes — avaient été déjà formulées par

Robert Fludd et prouvées surabondamment, ce qui est mieux.

Néanmoins, cette œuvre grandiose présente un défaut capital pour le lecteur de notre époque. Elle est conçue selon la méthode déductive. C'est-à-dire que, après avoir, au début du *Macrocosme*, établi les grandes lignes de son système et en avoir démontré l'excellence, l'auteur part du point le plus élevé où la Connaissance humaine puisse atteindre, pour descendre progressivement jusqu'au monde sublunaire. Dans ces conditions, le lecteur, qui n'a pas, avant d'ouvrir le livre, la moindre idée de cette conception immense, ne se trouve avoir compris que lorsqu'il a parcouru l'ouvrage tout entier. Cette manière est du reste, celle qui a prévalu jusqu'à l'ère de la prépondérance de l'analyse et de l'induction, — c'est-à-dire jusqu'à nos jours. Nous ne raisonnons plus ainsi maintenant et le lecteur se rebuterait dès les premières lignes si on lui présentait un ouvrage établi de cette façon.

Il a donc fallu employer un artifice pour permettre au public de pénétrer la pensée de l'auteur : cet artifice consiste simplement à morceler d'abord l'œuvre tout entière en la publiant par fractions. Heureusement elle s'y prête : elle est, sous ce rapport, à l'image de la Nature qu'elle décrit : on peut en détacher une de ses parties, celle-ci n'en constituera pas moins un tout complet.

C'est ainsi que la présente traduction débute par le *de Astrologia*. Le lecteur se familiarisera avec la manière très simple, un peu sèche même, de Robert Fludd ; il verra comment les Astres, ces truchements des Eléments, ces « doigts de la Nature » gouvernent les événements et déterminent les êtres ; il possèdera aussi certaines clefs, vainement cherchées jusqu'ici, des mouvements astraux et des correspondances planétaires ; il pourra les étudier tout à son aise et les expérimenter, puisque l'ouvrage lui expose une manière de dresser un thème de nativité, manière un peu démodée que le traducteur, dans son souci de compléter la pensée de l'auteur, a cru devoir rajeunir dans son avant-propos; et quand, enfin, il possèdera ces indispensables éléments de la science astrale, alors il sera mûr pour aborder des sphères plus hautes.

Le texte original est en latin. Robert Fludd, qui vécut de 1574 à 1637, était d'une époque où l'on n'écrivait guère d'ouvrages de science et de philosophie qu'en cette langue.

Il avait, étant de nationalité anglaise, fait ses études à Oxford et pris en cette université le grade de docteur en médecine. Mais il avait beaucoup voyagé, en France, en Allemagne, en Italie; il avait été militaire, puis littérateur, puis homme de science : tour à tour philosophe, théologien, médecin, naturaliste, alchimiste, astrologue, théosophe, si bien qu'on l'appelait « le chercheur » et que Ad. Franck, après Gassendi du reste, qui fut son adversaire, l'appelle « un des hommes les plus érudits et les plus célèbres de son temps ». Cette diversité d'existence et d'études a influé considérablement sur son style. Il parle abominablement mal le latin : il n'hésite pas à créer des néologismes, à hasarder des barbarismes, il fait table rase de toute syntaxe et ne craint pas de multiplier les pléonasmes, pourvu qu'il explique le plus clairement possible sa pensée. C'était avant tout un esprit passionné de vérité. On ne pouvait donc faire une traduction élégante, une de ces jolies versions latines devant laquelle se fussent pâmés les littérateurs. Il fallait avant tout rendre le texte avec une grande fidélité, dans une langue facile, où les redites étaient nécessaires, et rester, comme l'auteur l'avait cherché, dans la simple et la pure vérité.

C'est ce que, en toute modestie, pensant qu'il travaillait surtout pour les hommes de sciences, le traducteur a cherché à faire.

Pierre Piobb.

INTRODUCTION

[illegible]

[illegible] d'élite.

INTRODUCTION

A L'ETUDE DE L'ASTROLOGIE

De toutes les sciences dites occultes, l'Astrologie est une des moins connues. Son abord est si pénible qu'elle a rebuté plus d'un chercheur et que, maintes fois, elle a été follement décriée par des sceptiques qui n'avaient pas su la comprendre, ou admiré naïvement par des croyants qui n'avaient pas pu en pénétrer les mystères. Les uns et les autres lui ont fait un tort immense ; par leurs exagérations réciproques ils en ont éloigné les vrais savants et ils ont retardé son avancement. Mais notre époque est curieuse de tout ce qui peut augmenter le domaine de la Connaissance et c'est à ce titre que l'Astrologie fait aujourd'hui la préoccupation de plusieurs esprits d'élite.

L'Astrologie est la science qui traite des Astres dans leur vie propre et dans leur vie en groupe. Autrement dit, elle considère les corps célestes, ou Astres, comme des corps vivants et leurs groupes, ou systèmes de planètes tournant autour d'un centre, comme des êtres. Selon du reste l'immortelle hypothèse d'Herschell : « Au lieu d'être isolées dans l'espace infini, a dit cet astronome, toutes les étoiles dépendent les unes des autres, font partie d'un vaste ensemble soumis à une loi déterminée de condensation et dans lequel chacune d'elles agit sur les autres en même temps qu'elle subit leurs actions : ensemble qui, par conséquent, change et évolue, et constitue en réalité quelque chose de vivant. »

Nous ne pouvons d'ailleurs plus nous arrêter à chercher une définition de la vie en prenant pour base *l'organisation*, nous devons admettre que cette vie s'étend à la moindre molécule qui existe, nous devons donc arriver à *l'hylozoisme*. Et nous trouvons la preuve de cette nouvelle conception dans le quatrième état de la matière, dans l'état radiant.

L'Astrologie est par conséquent une philosophie de la Nature, mais une philosophie éminemment concrète, une philosophie très scientifique et positive. Elle se divise donc en deux parties :

1° L'Astrologie spéculative.

2° L'Astrologie expérimentale.

La première recherche les lois, la seconde les analyse et les expérimente. La première comprend la *Cosmosophie* ou métaphysique astrale, et la *Cosmologie* ou psycho-physiologie astrale. La seconde comprend *l'Astrologie pratique* qui traite des influences astrales sur chacun des mondes planétaires en général et *l'Horoscopie* qui étudie les déterminations de chaque individu.

Dans la Cosmologie se rangera naturellement *l'Astronomie spéculative* ou Mécanique céleste, qu'il est nécessaire de posséder le plus complètement possible quand on veut se livrer avec fruit aux travaux astrologiques, et dans l'Astrologie pratique se comprendra *l'Astrologie sociale*, cette branche encore mystérieuse que Robert Fludd n'a pas voulu livrer [1].

Le champ est vaste, immense même : il n'a de limite que l'infini. La science des Astres est la plus sublime de toutes les sciences, elle est comme le couronnement de tout le savoir positif humain.

L'Horoscopie tire son nom de ce principe général que *l'action des astres, laquelle est en harmo-*

[1] Dans sa séance du 6 octobre 1906, la *Société d'Astrologie* (de Paris) a fait l'honneur au traducteur de Robert Fludd de consacrer sa division de la science des astres en l'adoptant comme plan de travaux.

nie avec leur nature et en proportion avec leur puissance, s'exerce au moment de la naissance d'un être avec une intensité telle qu'elle fixe la destinée. Elle a été souvent prise pour l'Astrologie tout entière; elle a, de tout temps, grandement intrigué les hommes et, de ce fait, a été fréquemment pratiquée par des gens sans grand savoir ni scrupules qui en ont tiré profit en trompant le public : il en est résulté que ces faux savants ont embrouillé la science et l'ont surchargée de pratiques inutiles, telle que l'*Onomancie*[1].

L'Horoscopie envisage principalement l'étude des *thèmes* d'après les données fournies par les trois autres branches de l'Astrologie.

On appelle *thème* un schéma céleste dressé pour une heure donnée, sur un point du globe terrestre donné. Le calcul permet de n'avoir point à se transporter, ni dans le temps, ni dans l'espace, pour résoudre le problème : on verra tout à l'heure comment.

Il convient donc avant tout de connaître *exactement* l'heure du thème. La chose est souvent impossible surtout quand il s'agit d'une naissance,

[1] Il faut entendre par ce vocable un mode populaire de divination, procédant de l'altération d'une science très supérieure, quoique très mystérieuse, qui traite des lois du déterminisme du Verbe Humain et est à proprement parler la *Logosophie*.

car la minute et même le quart d'heure sont alors ordinairement négligés. L'erreur de cette première donnée entache le travail tout entier et si, dans la pratique, on est obligé de se contenter d'une bonne approximation, en réalité pour les expériences on ne devrait user que d'une rigoureuse exactitude.

Ensuite, il faut déterminer avec soin le lieu géographique. Cette dernière opération est facile : une carte un peu détaillée donne la longitude et la latitude terrestres.

Voici quelle est la théorie du schéma céleste.

Par le point du lieu géographique, comme centre, on fait passer un cercle : ce sera le cercle de l'*horizon*. Sur ce plan de l'horizon, au lieu donné, on élève une perpendiculaire au-dessus vers le ciel supérieur et au dessous vers le ciel inférieur : on détermine ainsi le *Zénith* et le *Nadir*.

On oriente ensuite son horizon, c'est-à-dire que l'on repère le *Sud* et le *Nord*. Puis par les points Sud et Nord, pris sur la circonférence de l'horizon, et par les points Zénith et Nadir, pris sur la sphère céleste, on fait passer un plan qui se trouvera être, conséquemment, un grand cercle : c'est le plan du *Méridien*.

Ce Méridien coupera naturellement en perpendiculaire les cercles de *l'Equateur céleste* et de *l'Ecliptique*. Or le point où il coupera l'Ecliptique sera appelé *Milieu du Ciel*.

Si ensuite on élève une perpendiculaire au plan du Méridien depuis le lieu géographique donné par le plan de l'horizon, on déterminera les points *Est* et *Ouest*.

Ainsi l'Ecliptique sera divisée, pour ce lieu donné et cette heure donnée, en quatre parties, par quatre points cardinaux : l'Est ou *Ascendant*, le Milieu du Ciel, l'Ouest et le *Fond du Ciel* par opposition au Milieu du Ciel.

On divisera chacune des quartes de cercle ainsi obtenues en deux parties. On se servira pour cela des *temps horaires*. En effet, l'Ecliptique est le chemin moyen que suivent les planètes et dont elles ne s'écartent jamais à plus de 8° en latitude ; il est parcouru en *mouvement diurne*, ou apparent, par tout astre en 24 heures dont 12 de jour et 12 de nuit : soit 12 de l'Est à l'Ouest par le Milieu du Ciel et 12 de l'Ouest à l'Est par le Fond du Ciel. Ces heures sont naturellement inégales, puisque l'Ecliptique ne se trouve partagée par l'horizon en deux parties absolument égales qu'à la minute précise de chaque équinoxe, c'est-à-dire deux fois par an. Ainsi l'Ascendant sera distant du Milieu du Ciel par 6 heures inégales ou *temps horaires ;* la plus voisine de lui des deux portions à déterminer entre le Milieu du Ciel et lui, sera à 4 heures inégales dudit Milieu du Ciel ; et la plus lointaine, celle près du Milieu du Ciel, sera à 2 heures inégales de ce point. Il en sera de même des douze portions de l'Ecliptique ainsi repérées, chacune vis-à-vis du Milieu du Ciel.

Or chacune de ces portions est une *Maison Astrologique*. On conçoit comment elles sont variables à l'infini, étant donné qu'elles changent à chaque instant pour chaque lieu donné et que la surface de la Terre contient une infinité de lieux semblables.

Dans la pratique on opère ainsi pour dresser le schéma céleste :

FORMULE :

1° *Prendre la latitude et la longitude du lieu.*

2° *Déterminer l'heure exacte.*

3° *Transformer l'heure donnée en temps astronomique à l'aide des tables de correction dressées à cet effet.*

4° *Transformer le temps ainsi obtenu, ou temps sidéral, en Ascension droite en multipliant chaque heure par 15 degrés, chaque minute de temps par 15 minutes de degré et chaque seconde de temps par 15 secondes de degré.*

Ajouter le temps sidéral de Paris ou de tout autre lieu pour lequel sont dressées les éphémérides astronomiques des almanachs, à midi moyen.

La quantité ainsi obtenue donne l'Ascension droite du Milieu du Ciel.

5° *Transformer cette Ascension droite en Longitudes célestes (lesquelles se comptent sur l'écliptique) à l'aide de tables spéciales.*

6° *Calculer les pointes des maisons ainsi :*

Æ *Maison XI = (MC + 30°) ± 1/3 différence ascentionnelle.*

Æ *Maison XII = (MC + 60°) ± 2/3 différence ascentionnelle.*

Æ *Maison I ou Ascendant = (MC + 90°) ± différence ascentionnelle.*

Æ *Maison II = (MC + 120°) ± 2/3 différence ascentionnelle.*

Æ *Maison III = (MC + 150°) ± 1/3 différence ascentionnelle.*

Cette quantité appelée différence ascentionnelle est variable pour chaque latitude géographique et chaque lieu du Zodiaque ; on la calcule par la formule suivante :

Tangente de la Déclinaison du point sidéral trouvé × tangente de la latitude du lieu terrestre.

Mais on la trouve aussi dans des tables.

7° Les pointes des six premières maisons déterminées en Ascension droite, ajouter à chacune 180° pour avoir l'Ascension droite de la maison opposée.

8° Tranformer ces Ascensions droites en Longitudes de l'Ecliptique par une table spéciale.

9° Déterminer la position de chacun des Astres ; on prend leur longitude dans la Connaissances des Temps pour le midi du jour donné, puis on calcule la marche de chacun par l'évaluation du chemin parcouru en 24 heures de temps moyen, on ajoute ensuite à la longitude de midi le chemin parcouru pendant le temps écoulé entre midi et l'heure donnée.

C'est un travail assez long qui demande beaucoup d'attention et une connaissance parfaite de l'Astronomie.

Le schéma céleste une fois dressé, on n'aura plus qu'à l'interpréter : on y arrivera aisément en se servant du *de Astrologia* de Robert Fludd qui, sous ce rapport, est le manuel le plus complet et le plus explicite.

Le lecteur s'étonnera peut-être de ce que ce traité d'Astrologie comme tous ceux publiés jusqu'ici ne mentionne que sept Astres : Soleil, Lune, Mercure, Vénus, Mars, Jupiter, Saturne; il pourra croire que la science astrale se trouve infirmée par les découvertes successives d'Uranus, de Neptune et des innombrables petites planètes. Ce serait là une conclusion téméraire ; tout porte à croire que les Astres du système solaire sont au nombre de douze : Soleil, *Vulcain*, Mercure, Vénus, la Terre, les petites planètes (comptant pour une), Mars, Jupiter, Saturne, Uranus, Neptune, *Pluton*, — ce dernier et Vulcain étant hypothétiques, il est vrai, mais ayant été remarqués par les perturbations qu'ils apportent aux orbites voisines en vertu des lois de gravitation. Or si on réfléchit, on verra que toute la science astrale est construite avec ce nombre douze pour fonction. Ce serait donc une vérité déjà connue des anciens que les astres du système solaire étaient au nombre de douze. Et alors la théorie astrologique demeure intacte puisque en Kabbale, on apprend avec quelque justesse que raisonner par 7 ou par 12 c'est en somme raisonner de la même façon.

P. P.

RÉPERTOIRE

DES

PRINCIPALES ABREVIATIONS SYMBOLIQUES

USITÉES EN ASTROLOGIE

Soleil........................	☉
Lune........................	☾
Mercure	☿
Vénus	♀
la Terre..	♁
Mars	♂
Cérès........................	⚳
Jupiter......................	♃
Saturne......................	♄
Uranus	♅
Neptune	♆
le Bélier.....................	♈
le Taureau...................	♉
les Gémeaux..................	♊
le Cancer....................	♋
le Lion......................	♌
la Vierge....................	♍
la Balance	♎

le Scorpion	♏
le Sagittaire..................	♐
le Capricorne.................	♑
le Verseau.................	♒
les Poissons..................	♓
Dodectil	⋕
Sextil..........................	⚹
Quadrature.....................	□
Trigone.......	△
Quinconce	⚻
Opposition.....................	∝ ou ☍
Conjonction........	☌
Partie de forturne..............	⊕
Antice..........................	a
Contre-antice..................	ca
Ascendant ou Maison I.........	As. Asdt. α
Fond du Ciel ou Maison IV.....	FC
Milieu du ciel ou Maison X.....	MC ou mc
Ascension droite...............	Æ
Déclinaison	Ⓓ

TRADUCTION

DU

DE ASTROLOGIA

DE

ROBERT FLUDD

PLAN DE L'OUVRAGE

Dans cet ouvrage sur l'Astrologie, trois points principaux sont développés :

I. — DIVISION DE L'ASTROLOGIE en :

1° Naturelle ;
2° Surnaturelle.

II. — ETUDE DES JUGEMENTS ASTROLOGIQUES, lesquels se tirent :

1° *(a)* Des étoiles fixes dans le zodiaque, divisé en douze signes ou hors du zodiaque dans l'hémisphère sud et dans l'hémisphère nord.

(b) Des étoiles mobiles, c'est-à-dire des sept planètes.

2° Des points d'intersection de l'orbite de la lune avec celle de la terre, c'est-à-dire de la Tête et de la Queue du Dragon.

III. — ASTROLOGIE APPLIQUÉE :

1° Méthode pour ériger les schémas célestes ou thèmes horoscopiques et pour y placer :

(a) Les douze signes du Zodiaque.

(b) Les sept planètes.

(c) La Tête et la Queue du Dragon.

2° Méthode d'interprétation des thèmes horoscopiques :

(a) Pour la prévision du temps.

(b) Pour rechercher les voleurs ou les objets volés.

(c) Pour les prédictions journalières de la vie.

(d) Pour les prédictions générales de l'existence.

LIVRE PREMIER

GÉNÉRALITÉS SUR L'ASTROLOGIE

I. — CE QU'EST L'ASTROLOGIE ET COMBIEN DE SORTES ON EN DISTINGUE

Si le public connaissait exactement et parfaitement la nature intime de l'astrologie (mais peu d'hommes y parviennent et encore avec le secours et la grâce d'un Dieu unique), cette science, généralement fort décriée, ne jouirait pas d'une si détestable réputation. Ses résultats, en effet, sont aussi certains et ses données aussi exactes que le sont les mouvements des astres, lesquels, suivant l'ordre et la loi établis par le Créateur, s'opèrent régulièrement, infailliblement et sans aucune cesse. Aussi n'est-ce pas elle qu'il faut blâmer, [illegible] les ignorants qui s'en sont emparés et [illegible] de leur sottise ; ce sont eux qui l'ont [illegible] ble et impie, tandis qu'au contraire elle est normale et saine, quoique bien peu de gens l'aient comprise et que beaucoup s'y soient fourvoyés.

Du reste, dès que l'on examine un peu sérieusement la définition et l'objet de la science astrale, on s'aperçoit aisément de la part de certitude qu'elle renferme.

L'Astrologie est la science de la divination par l'aspect de l'harmonie céleste et le jeu des Eléments sublunaires. Elle étudie l'influence des différents Ciels sur les Eléments et l'influence de ces Eléments sur les choses terrestres. Son but est la prédiction de tous les événements à venir. Elle est donc applicable non seulement aux humains, mais encore aux animaux et aux plantes : personne n'ignore, en effet, que l'on peut avancer avec certitude que la venue du Soleil élèvera la température, vivifiera les plantes, verdira la nature, et c'est un ordre d'idées dans lequel nous verrons par la suite plusieurs exemples des influx astraux.

De nombreux auteurs trouvent que l'Astrologie est à la fois légitime et superstitieuse. Ils admettent bien que les astres ont, par leur mélange, une action réelle sur le physique d'où proviennent la santé, la maladie, les tares, la stérilité, etc. ; mais ils qualifient de superstition une pareille action sur le moral, domaine soumis à la volonté de l'homme. Les métaphysiciens cependant sont plus plus prudents sur ce chapitre.

Nous, dont l'intention n'est pas de développer en cet ouvrage des théories métaphysiques, nous laisserons aux Kabbalistes et aux spéculateurs subtils le soin de débrouiller ce problème intime de la science. Nous nous contenterons d'envisager l'Astrologie au point de vue physique et par rapport aux lois de la nature. Nous dirons que, de même qu'un tableau est une image résultant du mélange artistique de différentes couleurs, de même la constitution des être vivants ou non vivants, — l'air par exemple —, ne sont dus qu'au mélange des multiples qualités des Eléments. Et nous étudierons les rapports entre les positions des planètes, des signes du Zodiaque et des étoiles fixes, qui agissent sur ces Eléments. Nous distinguerons enfin dans l'Astrologie la théorie et la pratique, considérant que la théorie est toujours la base fondamentale de la pratique.

II. — DIVISIONS DE L'ASTROLOGIE

Certains astrologues partagent ainsi l'étude de la science : d'abord une introduction où sont exposés les principes généraux, la nature des signes du Zodiaque, celles des planètes et des étoiles fixes (ce dont nous parlons au Livre II) ; ensuite l'explication des grands mouvements auxquels sont dus les conjonctions et les éclipses ; les exemples que fournissent quelques horoscopes ; les réponses à différentes questions ; puis les Elections : enfin, l'établissement et l'interprétation de la figure céleste. D'autres ne considèrent que quatre points : des causes et des crises des maladies (ce que nous rangeons dans le traité général sur le *Microcosme)* ; des réponses aux questions ; des Elections ; et des variations des Eléments.

Nous grouperons ces diverses matières dans l'ordre suivant, meilleur à notre avis :

ASTROLOGIE NATURELLE divisée en :

1° PUBLIQUE

a) *Changements de l'air* d'où dépendent :
- la santé ;
- la maladie ;
- la contagion.

b) *Troubles dans les empires, provinces, régions, villes* provenant de :
- la guerre ;
- la paix ;
- les variations religieuses ;
- les sectes ;
- les actes des princes.

2° PRIVÉE

a) *Généthliaque* (objet principal selon les autres astrologues).

b) *Elections*, — c'est-à-dire observations journalières et horaires du mouvement continuel du ciel, à l'usage :
- des chefs de famille ;
- des hommes politiques ;
- des gens de la campagne ;
- des médecins ;
- des commerçants ;
- des navigateurs ;
- des voyageurs.
- des architectes, etc.

c) *Elucidation des choses douteuses* :
- recherche des voleurs et des objets volés ;
- détermination de la chance, c'est-à-dire de l'issue, bonne ou mauvaise, des entreprises.

ASTROLOGIE SURNATURELLE traitant :
- 1° des Pantacles : -
- 2° des Talismans ;
- 3° des Fétiches.

La dernière branche, toutefois, encore qu'elle ait donné des résultats admirables, ainsi que l'on peut en avoir la preuve dans l'histoire de Byzance et dans d'autres chroniques, et bien que de l'avis de certains astrologues elle soit supérieure à la première, nous la considérons, nous, comme superstitieuse. En effet, elle ne diffère pas beaucoup de la magie ni de l'idolâtrie, surtout dans la partie où il est question de la figuration nécromantique des anges ou plutôt des démons et du prononcé de certains mots ou du tracé de certains signes inconnus. Il en est de même de l'emploi des fumigations et invocations, indices manifestes de pactes contractés avec les démons qui conduisent les ignorants à l'idolâtrie et procurent d'amères déceptions. Mais il existe une Astrologie surnaturelle qui se rattache à la métaphysique, celle-là nous la comprenons, tandis que nous conseillons de fuir celle qui procède de la nécromancie [1].

Confondre usage et abus, c'est assurément manquer de mesure. Les médecins les plus éminents ont employé les pantacles et les talismans les plus astrologiques; les illustres docteurs Arnaud de Villeneuve et Théophraste Paracelse l'ont relaté ; ils ont écrit eux-mêmes plusieurs ouvrages sur l'utilité et la vertu de ces pratiques dans la guérison de certaines maladies presque incurables et sur les moyens de les confectionner, — nous en parlerons dans le traité général du *Microcosme* où nous envisagerons les divers modes de guérison des maladies.

[1] **L'auteur cherche à faire ici brièvement la distinction entre la goëtie ou magie noire et la Haute-Magie qui procède en somme de l'astrologie supra-naturelle ou hyperphysique. — Voir à se sujet l'Introduction que le traducteur a faite à son *Formulaire de Haute-Magie*.**

Nous laisserons également de côté tout ce qui touche à la fortune des empires et des provinces, parce que notre but n'est pas de le révéler, et la généthliaque parce qu'elle rentre dans le cadre de l'étude du *Microcosme.*

Nous traiterons donc dans cet ouvrage :

1° Au *Livre II* des signes du Zodiaque et les étoiles fixes ;

2° Au *Livre III* de la nature des planètes et de leurs influx ;

3° Au *Livre IV* des règles pour ériger les thèmes astrologiques ;

4° Au *Livre V* de la prévision du temps ;

5° Au *Livre VI* des solutions aux questions concernant le vol ;

6° Au *Livre VII* de quelques Elections, mais brièvement.

III. — LES ASTRES IMPLIQUENT-ILS LA FATALITÉ ?

Tous les auteurs d'Astrologie sont d'accord sur un point : « En ce monde inférieur, Dieu ordonne et les Astres exécutent. »[1] S'il en était ainsi, qui oserait nier que *la Mens* des animaux, et à plus forte raison celle des hommes, n'est pas soumise à l'ordonnance divine ? Ce n'est, toutefois, pas en ce sens que je comprends que la *Mens* humaine est en quelque façon soumise à l'opération des Astres, attendu que sa nature est bien plus divine que celle des Astres. Il est possible, cependant, que le *Spiritus*, ce véhicule sur lequel (d'après Platon) cette *Mens* est transportée parmi les corps de l'Empyrée, participe aux changements célestes d'autant plus qu'il est de nature éthérée[2] ; par conséquent, il la commande, il l'entraîne, comme un

[1] Le texte dit : *Deum in hæc inferiora agere per ordinationem stellas verò per executionem ;* comme il est panthéiste il ne parle jamais de *voluntas divina,* mais d'*ordinatio Dei ;* dans sa pensée Dieu ne peut agir que par son administration, son bon ordre, ses lois générales, son ordonnance, car Dieu n'est pour lui que la Nature.

[2] Analogue à l'éther.

char entraîne ses voyageurs, selon les appétits que suscite l'action des Astres, d'après la loi qui veut que la partie subisse les vicissitudes de la totalité ; et nul possédant une *Mens* en bon état n'y échappe.

Je m'expliquerai plus clairement. On sait que, selon la doctrine du Trismégiste, le Spiritus éthéré est le réceptacle de la Mens, de même que l'Homme ou plutôt son Ame Sensitive est le réceptacle du Spiritus ; et que ce Spiritus, de même que le Ciel moyen, participe à deux natures : la supracéleste et la sublunaire.

Si donc, disent les Platoniciens, le Spiritus adhère à la Mens, fuit les voluptés de la chair, se sanctifie, exalte sa nature supracéleste, de laquelle il tire son origine, en recevant les bonnes influences des Astres et en évitant soigneusement les mauvaises, il y a moyen qu'il obéisse moins, par cette préparation, à toutes les actions astrales. Mais si ce Spiritus repousse les rayons de la Mens et adhère à l'Ame Sensitive, il se change de bon Daïmon en mauvais Daïmon, il devient en butte à toutes les actions supérieures et principalement aux mauvaises, à cause du penchant du corps au mal et parce que le corps est commandé par l'Ame Sensitive ; de telle sorte que des Mens très supérieures arrivent à dépendre des Eléments, en tant que perpétuels réceptacles d'influences célestes, et deviennent aptes et prédisposées à recueillir et à s'emparer avidement de tous les mauvais présents du Ciel, c'est-à-dire la volupté, la colère, la tristesse, la malechance, la cruauté, l'ivrognerie, la paresse, l'impudeur, la luxure, la concupiscence, au hasard de l'attrait de l'un ou l'autre vice ; tandis que, si le bon Spiritus d'un homme recueille, au contraire, les meilleures influences célestes, cet homme recherchera la louange, la gloire militaire ou se montrera intransigeant sur l'honneur et la justice, par exemple dans les questions religieuses, il sera juste, pieux, aimable, studieux, libéral et doué dès sa naissance de toutes les vertus. (C'est un sujet que nous examinons dans le Traité du Microcosme où il est question des nativités.)

Tout cela, disons-nous, arrive par l'ordonnance divine et par les Astres qui les exécutent nécessairement en tant que ses ministres ; c'est pourquoi ces derniers ont été appelés, non sans élégance, par quelques philosophes : *les Doigts de la Nature*, attendu que, sans eux, la Nature n'agit pas et n'opère rien en ce monde inférieur.

La Mens humaine est comme un rayon vivant de ce Dieu et les ministres célestes n'ont pas plus d'action sur elle que sur l'ordonnateur lui-même, c'est-à-dire Dieu ; par conséquent, on doit toujours estimer qu'elle échappe à tout influx, à tout mouvement cosmique et qu'elle n'est soumise à aucune passion, c'est-à-dire qu'elle agit pour le bien et n'est jamais altérée par l'erreur. Mais le Spiritus, son véhicule, est trompé de temps en temps par les appâs de la chair et du monde ; avec la chair, il reçoit parfois, par influx céleste, les passions mauvaises en même temps que les bonnes, tandis que parfois, à vrai dire, la Mens se trouve absolument vide ou travaille fort peu.

D'où il résulte que des méchants peuvent produire de bons effets malgré leur nature, devenir riches et être heureux dans la guerre ou dans d'autres entreprises, avec ou sans l'assistance de la Mens. Si, d'autre part, le Spiritus, mobile par essence, adhère à l'Ame Sensitive, il est tantôt bon et vertueux, indifférent à la chair et au monde, et tantôt mauvais et enclin à tous les vices. D'où il s'ensuit que certains hommes, dont le Spiritus est charnellement affecté et désobéit à la Mens, sont portés vers le crime et le vol, et, qui plus est, se trouvent plus disposés à perpétrer leurs forfaits en un temps qu'en un autre, — par exemple si les Astres de la Nature de Mars sont très puissants dans le Ciel, ils inciteront au crime un voleur martien, plus ou moins, selon leur aspect avec les autres Astres et leur position dans le Ciel, surtout si les autres significateurs célestes l'emportent dans leur accord avec le Seigneur de la Maison VII dans l'horoscope de la nativité de cet homme. Le vol par conséquent, aussi bien que les autres vices, est fatalement déterminé par les Astres, parce que chez les gens vicieux la Mens, pour ainsi dire inoccupée, laisse agir le Spiritus selon les fantaisies dépravées de la chair. Alors comme le Spiritus se trouve avoir dans l'entité le second rang après la Mens, la substance céleste[1] a également le second rang ; qui empêche donc que les Astres aient sur cette entité moins d'action que sur les autres parties analogues à celle-là ?[2] Et par analogie, si les Astres agissent principalement avec unité et bon ordre sur les Elémentaires, qui les empêche de moins agir sur le Spiritus, tandis que la Mens est inoccupée, alors qu'ils ont autant d'action sur les Elémentaires que les Elémentaires en ont sur le Spiritus ?

D'après cela, il est indubitable que si l'on peut connaître la qualité des Astres, leur mutuelle action et la valeur de leurs conjonctions ou de leurs aspects, il ne sera pas difficile, selon la nature de l'astre significateur et celle du lieu du Zodiaque d'où l'on tire cette nature, et selon les aspects des autres planètes qui regardent exactement ce lieu, de déterminer la taille d'un voleur, les particularités de son corps et d'en donner infailliblement le signalement complet.

Pour ce qui est de la prédiction du temps et des variations de l'atmosphère, il n'y a aucune controverse. Nous avons démontré que toute la matière

[1] L'Ether dont est formé le Spiritus.

[2] C.-à-d. : puisque le Spiritus formé d'Ether est soumis à l'influx astral, pourquoi tout ce qui est Ether dans l'homme ne serait-il pas de même ?

de notre monde inférieur et chacune de ses parties a pour but soit la génération, soit la corruption, soit l'altération, soit tout autre changement, en vertu de l'influence de l'Ame Céleste. Cela est clairement exposé dans le premier Traité Général du Macrocosme [1]. Il en résulte que, si le Ciel est puissamment disposé à l'humidité, le monde inférieur sera de même nature ; si c'est à la chaleur, les éléments seront plus chauds ; si c'est au froid, ils seront plus froids ; si c'est à l'agitation, les vents et les souffles troubleront ce même monde inférieur. Il y a là, certainement, un déterminisme qui dérive de la position naturelle des Astres, ministres célestes, de leur puissance et de leur prédomination et qui est irrécusablement prouvé par les animaux et mieux par les êtres inanimés. Nous savons, en effet, par leur répétition annuelle, que les saisons, les changements d'aspect des végétaux, la hauteur du Soleil, l'échauffement de l'atmosphère et le renouveau général que l'accroissement de cette dernière occasionne, sont des phénomènes réguliers.

Il en est de même de l'accroissement de la Lune [2] pendant lequel les eaux montent, les corps

[1] *De Macrocosmi historia,* qui comprend deux sous-traités : la Métaphysique *(de Macrocosmi metaphysica)* et l'Ontologie *(de Macrocosmi physica)*. (Tome III et IV de la présente traduction).

[2] La Lune *croît* depuis sa conjonction jusqu'à son opposition avec le Soleil; elle *décroît* ensuite.

s'humectent petit à petit par un apport invisible d'humidité et les humeurs se sécrètent ; de même aussi de la position de Saturne entouré dans le Capricorne, son Domicile, de plusieurs planètes à qui il a l'air d'offrir un banquet[1], — ce qui est arrivé en 1608, — phénomène qui provoque le gel et la froidure parmi les éléments et ailleurs.

Nous concluons donc que, sur ce monde inférieur, le Ciel a une vertu et une action si grandes, il y opère avec un effet si certain, que ce n'est pas à tort qu'Hermès Trismégiste, en tête du Livre II de l'*Asclepius*, l'a appelé le *Dieu Sensible*, — parce qu'il domine exclusivement d'une manière sensible, alors que le Dieu Intellectuel domine par ses disposition et son ordonnance —, ou encore *l'Administrateur de tous les corps*, — parce que la croissance et la décroissance de ces derniers est soumise aux variations du Soleil et de Lune —, ou enfin *le Gouverneur et l'Auteur de toutes choses en ce monde.*

[1] Quand une planète est dans son Domicile et conjointe à une autre, on dit que la première *reçoit* la seconde.

IV. — CAUSES DES FAUSSES PRÉDICTIONS CHEZ LA PLUPART DES ASTROLOGUES

Beaucoup de praticiens commettent des erreurs ; ils ne se trompent pas seulement eux-mêmes, ils déçoivent, par leurs fausses solutions, ceux qui les consultent. Aussi l'Astrologie n'est-elle souvent pas considérée comme une science, — bien qu'elle s'appuie sur des démonstrations certaines et véridiques —, mais comme un art frivole et mensonger.

Nous répondrons brièvement aux détracteurs que la faute n'est jamais imputable à la science, mais à celui qui l'exerce, attendu que, souvent, sans y comprendre rien ou fort peu de chose, on se met à la pratiquer. Il n'y a guère, à notre époque, de savants astrologues, ou pour mieux dire, il n'y en a qu'une infime minorité ; mais, en revanche, on rencontre un grand nombre de charlatans entièrement ignorants de la science et de ses secrets, qui promettent beaucoup et tiennent peu ou rien. La raison est que l'Astrologie procède de la Kabbale. Elle a été découverte par les anciens Hébreux et Egyptiens ; elle leur a fourni le moyen de faire leurs remarquables divulgations de l'avenir et évocations du passé : Josèphe le déclare tout au long dans ses « Antiquités iudaïques » et il prétend même qu'elle aurait été inventée tout d'abord par Adam, puis perfectionnée ensuite. Si donc elle a été connue parfaitement et totalement, — ce qui est hors de doute —, ses principes sont aussi certains que les mouvements du Ciel, les aspects des planètes et le calcul minutieux de leurs temps. Mais les savants anciens en occultèrent les secrets intimes afin d'aveugler les sots et les indignes [1] ; ils n'agirent pas autrement que les philosophes de l'Astrologie inférieure à l'égard de la Pierre Philosophale. Hermès et les autres philosophes chimiques parlent par allégorie, parabole et malice lorsqu'ils semblent se contredire l'un l'autre et que l'un affirme que *x* signifie ceci, tandis que l'autre prend avec acharnement le contrepied de cette assertion et déclare que *x* signifie cela ; par ce moyen, ils déçoivent les étudiants et font tomber la plupart des praticiens dans la fausseté et l'erreur. Rien n'est plus vrai que cette raison de la fausseté de l'Astrologie ; elle fait douter de la science, mais uniquement ceux qui la conçoivent et la pratiquent mal, confusément et à rebours. Cependant, il est aussi vrai que les Astres agissent

[1] Tout le monde n'est pas capable d'être initié à l'Astrologie transcendentale, il faut posséder certains signes natifs.

sur ce monde inférieur, qu'il est certain que Dieu a ordonné toute chose en ce même monde inférieur non seulement parmi les Eléments simples, mais aussi parmi les Elémentés animés ou inanimés. Le Diable lui-même n'a pu connaître le passé et l'avenir par un autre moyen, — car l'Ecriture dit bien qu'il ne participe pas aux secrets de la Mens —; il lui a fallu déduire tous les événements du mouvement des Astres ou bien les lire en lettres d'or dans les champs éthéréens. Et celui-là peut se croire le plus grand Astrologue de l'univers parce qu'il s'exerce depuis longtemps, que depuis le commencement du monde il observe les Astres et que par eux il est arrivé à comprendre la Volonté de Dieu dans la nature. Il n'a d'ailleurs pas agi autrement qu'un serviteur qui, par l'intonation de la voix de son maître, comprend sa volonté et son intention. Mais il n'a pas plus pénétré les mystères de Dieu, ni son œuvre métaphysique, que le serviteur ne connaît la pensée du maître avant qae ce dernier l'ai déclarée par ses paroles [1].

L'Astrologie est bien de toutes les sciences celle qui est la plus élevée et qui s'approche le plus du Créateur lui-même ; elle présente donc une très grande certitude, mais ses praticiens de notre temps en dégagent rarement la vérité, car celle-ci

[1] La fin de ce passage paraît un raisonnement destiné à convaincre les théologiens ordinaires qui admettent un Dieu doué de *volonté* et qui supposent un Diable.

est cachée sous des voiles fallacieux et noyée dans les ténèbres d'expressions contradictoires.

Pour notre part, nous avons laissé de côté la moitié des contradictions et des différences de méthodes présentées par les Egyptiens, les Hébreux, les Arabes, les Chaldéens et les Babyloniens ; nous n'avons suivi ces derniers que lorsqu'ils nous ont paru être tous d'accord. Notre méthode est encore loin de révéler complètement et exactement la science, cependant, comme nous en avons eu nous-même la preuve, elle est un excelent moyen de divination. Voilà pourquoi nous en parlons fort peu et que nous ne mentionnons pas les curiosités ambiguës que l'on trouve dans les ouvrages des anciens philosophes.

V. — DE CEUX QUI CONDAMNENT L'EXERCICE DE L'ASTROLOGIE

Il y a des gens qui ignorent totalement la science des Astres, sont plongés dans les ténèbres de l'erreur et ne peuvent concevoir que ce qui tombe sous leurs sens ; ils voudraient que cette science, qui est celle des ministres de Dieu, ne soit pas pratiquée, alléguant qu'il n'est pas légitime de spéculer si haut et de fouiller scrupuleusement et minutieusement dans les secrets du Créateur. D'autres, ainsi qu'il a été dit, prétendent que l'Astrologie n'est pas une science, mais un art frivole et parfaitement mensonger.

Nous avons répondu à ces derniers dans le chapitre précédent. Quant aux seconds, qui leur sont voisins, nous les renvoyons, afin de dissiper leurs doutes, à la préface du Traité Général du Macrocosme ; qu'ils la lisent et qu'ils examinent ensuite s'il ne convient pas plus à un animal qu'à un homme, être supérieur, paré d'une Mens, d'avoir de tels sentiments, de formuler des assertions aussi viles et de porter des jugements aussi méprisables. La Mens, du reste, se refuse à de pareilles choses, car le Créateur ne l'a octroyée à l'homme que pour qu'il entre en communication avec lui et qu'il atteigne la béatitude suprême en suivant pour monter au Ciel la même échelle[1] que la Mens a prise pour descendre du Ciel dans le corps humain.

Hermès Trismégiste est de cet avis ; dans son premier discours de Pimandre, il parle ainsi de la connaissance humaine en Astrologie : « L'homme possède en lui-même une puissance souveraine, mais sept principes gouvernent ses actes : ils concourent tous ensemble à l'exercice de sa Mens et le font, chacun en particulier, participer au mouvement général. L'homme acquiert d'abord la notion du temps, puis étudie la nature en elle-même, cherche ensuite à pénétrer et à analyser le mouvement circulaire et arrive enfin à comprendre l'essence de celui qui gouverne et administre le Feu. » Ces paroles d'Hermès Trismégiste sont divines ; elles exaltent l'âme vers les cîmes supérieures ; elle apprennent que l'homme, par son excellence, peut connaître la nature certaine des Astres et de leurs influx, elle lui ouvrent la porte de la science astrologique et de la spéculation métaphysique, avec la permission de Dieu. Plus loin, il dit encore : « Dieu a créé l'homme à son image et il l'aime à l'excès à cause de cette ressemblance, aussi lui a-t-il cédé l'usage de toutes ses

[1] Allusion à l'échelle de Jacob, symbole de l'*évolution* précédée d'*involution*.

œuvres. » Il est donc bien certain que la Mens, supérieure et divine, étincelle et rayon de la lumière de Dieu, tend naturellement et de toute façon à s'élever vers les régions suprêmes et même jusqu'à Dieu, car dans ce monde inférieur où elle est rivée malgré elle, où elle est véhiculée par le Spiritus, elle se trouve pour ainsi dire enfermée en un cachot obscur, limitée et contrainte dans l'exercice de sa volonté : elle ne peut sortir d'une région qui est pourtant son domaine. La Mens et le Corps sont, en effet, deux extrêmes : leurs natures respectives sont bien plus contraires que ne sont celles du Chaud et du Froid ou de l'Hmide et du Sec.

Nous conclurons donc avec quelque raison qu'il n'est pas en dehors des capacites humaines de connaître les natures et les dispositions des Astres et de leurs directeurs [1], qu'il n'est pas contraire à la Volonté divine et qu'il est légitime d'atteindre, avec l'aide de la Mens, les régions suprême et de s'entretenir avec Dieu dans une contemplation divine; mais que l'épaisseur et l'opacité du corps aveugle l'âme et lui ôte ses moyens, à la façon d'un bandeau qui, appliqué sur les yeux, empêche d'avoir une notion de l'aspect des objets visibles. C'est par la Révélation que les hommes ont connu les Astres et c'est par la Kabbale qu'ils ont conservé cette connaissance.

[1] Les forces directrices des mouvements astraux.

LIVRE DEUXIÈME

LES SIGNES ZODIACAUX

I. — DU ZODIAQUE ET DE SES DIVISIONS

L'étude du Zodiaque doit être entreprise avant toute autre.

Le Zodiaque est un cercle oblique [1] qui possède une largeur et divise la sphère du Macrocosme en deux parties égales. Sa largeur a été évaluée par les astronomes à 12° ; sa longueur égale à celle de l'écliptique équivaut à 360° ; sa projection sur le globe terrestre partage celui-ci en deux portions égales. C'est sa largeur qui lui a fait donner le nom de *Zone* (ou ceinture) *du ciel.* Les savants l'ont divisé en douze parties égales de 30° chacune et ont appelé ces parties des *signes* ; aussi le Zodiaque est-il parfois nommé *signifer* [2].

[1] Par rapport à l'équateur céleste.
[2] C.-à-d. : porte-signe.

On peut envisager chaque signe, soit en lui-même comme un lieu quelconque du ciel, soit comme une portion de la zone zodiacale ayant 30° de long et 12° de large, soit comme une section de la circonférence zodiacale comprenant 30° de longitude de l'écliptique et n'ayant pas de latitude, soit encore comme une tranche en forme de pyramide de la sphère céleste dont le sommet est le pôle de l'écliptique et dont un côté a 30° de longitude [1]. Les longitudes sont australes ou boréales. On peut aussi considérer le signe comme une réunion d'étoiles fixes représentant la figure d'où il tire son nom : tel le Bélier qui est ainsi appelé parce que diverses étoiles, par leur rassemblement, constituent la représentation d'un bélier.

[1] La base de cette pyramide *sphérique* serait le triangle formé par deux droites partant de chacune des extrémités du signe compté sur l'écliptique et se joignant au centre de la Terre.

II. — SIGNE DU BELIER

§ 1. NATURE INTRINSÈQUE

Le premier de tous les signes est celui du Bélier. Son abréviation symbolique est ♈. Il est pris pour origine de tous les autres parce que, au premier jour de sa création, le Soleil partit du commencement du Bélier pour s'élancer sur le monde.

Il présente les particularités suivantes :

Position céleste :
- Septentrionale par rapport à l'équateur.
- Ascension oblique.
- Orientale dans la Triplicité.
- Cardinale.
- Vernale.

Nature élémentaire :
- Ignée ; bilieuse.
- Chaude et sèche ; amère.
- Masculine.
- Diurne ; mobile.

Symbolisme de la figure :	Quadrupède ; animal domestique. Ni mutisme, ni éloquence[1].
Calamité humaine :	Tortuosité.
Dignité planétaire :	Domicile diurne de Mars.
Triplicité :	De Feu, dont les Seigneurs sont : diurne, Soleil. nocturne, Jupiter. diurne et nocturne, Saturne.
Position zodiacale :	Près de l'équinoxe.
Correspondance humaine :	Tête.
Mois de l'année :	Mars.

Le Bélier est *septentrional* parce qu'il se trouve dans l'hémisphère nord de la sphère céleste coupée en son milieu par l'équateur. Il est *d'ascension oblique*, parce que, dans l'intervalle qu'il mesure, l'Equateur demeure droit, tandis que l'Ecliptique forme un arc beaucoup plus grand que l'Equateur.

[1] *Eloquence* ne signifie pas ici talent de parole, mais simplement faculté de parler, par opposition au mutisme, qui est la privation de la parole. C'est là une acception qui n'a guère été employée que par les astrologues pour rendre l'adjectif latin *vocalis* intraduisible en un seul mot français.

Règle : *Les six premiers signes sont d'ascension oblique ; ils correspondent chacun à chacun avec les six suivants qui leur sont opposés ; ceux-ci sont d'ascension droite.* Exemple : le Cancer, qui est d'ascension oblique, correspond à son opposé le Capricorne qui est d'ascension oblique ; tels encore le Lion et le Verseau, la Vierge et les Poissons.

Le Bélier est *oriental* dans sa triplicité et *cardinal*, parce qu'il se trouvait à l'angle d'Orient, point cardinal, lorsque le Soleil se leva pour la première fois sur le monde après sa création. Il y a quatre signes cardinaux : le Bélier, le Cancer, la Balance, le Capricorne.

Il est *vernal* parce que, dès que le Soleil y entre, l'influx de cet astre amène le printemps et une douce température sur le monde inférieur.

Il est *masculin* parce que les femmes naissent sous son signe, empreintes d'un certain caractère viril.

Il est *diurne* parce qu'il donne la beauté et la célébrité à ceux qui naissent.

Il est *mobile* parce qu'il préside au changement et à la diversité des aspects de la nature.

Le Zodiaque se divise en :

Signes de correspondance humaine. ♊ ♍ ♒ ♐
Signes de correspondance volatile... ♍ ♊ ♊
Signes de corresp. quadrupédique... ♈ ♉ ♌ ♐

Signes tortueux, viciés, maladifs (parce qu'ils produisent chez ceux qui naissent sous leur influx les gibbosités, les claudications, les luxations, les ulcères et autres affections semblables)	♈ ♉ ♋ ♏ ♑
Signes féconds	♋ ♏ ♓
Signes stériles	♌ ♍ ♊

Les Dignités des planètes sont des lieux du Zodiaque où celles-ci acquièrent plus de vertu et de force ; aussi, dit-on, qu'elles sont plus puissantes en leurs Dignités, tandis qu'elles profitent seulement de la puissance du lieu où elles se trouvent : la raison en est que, dans les Dignités, la nature des planètes s'accorde avec la nature des étoiles fixes, et qu'il y a affinité entre elles. D'après les anciens, toute planète possède cinq Dignités : *Domicile*, *Triplicité*, *Exaltation*, *Terme*, *Face*.

Le *Domicile* d'une planète est le signe du Zodiaque où cette planète se complait dans la plénitude de ses qualités ; il est ainsi dénommé parce que la planète s'y comporte comme un homme dans sa demeure : tel Mars dans le Bélier.

Règle : *Le Domicile d'une planète vaut 5 dignités*[1]. *C'est le lieu du Zodiaque qui convient le*

[1] Chacune des Dignités planétaires est évaluée par un coefficient qui porte lui-même le nom de dignité.

mieux à la nature brute de la planète ; il constitue la principale de toutes les Dignités.

La *Triplicité* est la corrélation de trois signes du Zodiaque qui se trouvent réciproquemnet en aspect trigone[1] et possèdent des natures analogues.

Règle : *Une planète placée dans sa Triplicité se comporte comme un homme dans ses fonctions entouré de ses collaborateurs.* Tels sont le Soleil, Jupiter et Saturne dans le Bélier.

[1] C.-à-d. séparés entre eux par un arc de 120°.

§ 2. NATURE DES DIFFÉRENTS DEGRÉS DU BÉLIER[1]

Degrés ténébreux :... 1, 2, 3 ; 9, 10, 11, 12, 13, 14, 15, 16.
— lumineux : ... 4, 5, 6, 7, 8 ; 17, 18, 19, 20 ; 25, 26, 27, 28, 29.
— masculins[2] :... 1, 2, 3, 4, 5, 6, 7, 8, 9, 10, 12, 13, 14, 15.
— féminins : .... 9 ; 16, 17, 18, 19, 20, 21, 22.
— infernaux :.... 6 ; 11 ; 16 ; 23 ; 29.
— honorifiques :. 19.
— vides :........ 21, 22, 23, 24 ; 30.

Exaltation : ☉ au 19.
Terme de ♃ : 1, 2, 3, 4, 5, 6.
— ♀ : 7, 8, 9, 10, 11, 12.
— ☿ : 13, 14, 15, 16, 17, 18, 19, 20.
— ♂ : 21, 22, 23, 24, 25♈
— ♄ : 26, 27, 28, 29, 30.

[1] Les degrés sont comptés dans ces tableaux de 1 à 30 : il faut prendre garde que la plupart des tables modernes les comptent de 0 à 29.

[2] La plupart des degrés qui ne sont pas masculins sont féminins ; mais le texte, sans doute par suite d'une faute d'impression, ne mentionne pas ici la qualité des degrés 23 à 30.

Face de ♂ : 1, 2, 3, 4, 5, 6, 7, 8, 9, 10.
— ☉ : 11, 12, 13, 14, 15, 16, 17, 18, 19, 20.
— ♀ : 21, 22, 23, 24, 25, 26, 27, 28, 29, 30.

Détriment : ♀

Chute : ♄ au 21.

Il convient de noter que les degrés *ténébreux* et *infernaux* sont malheureux, les *lumineux* sont très fortunés et les *vides* sont médiocres, ni bons ni mauvais.

Les degrés qui sont véritablement bénéfiques sont ceux dans lesquels se trouvent les étoiles fixes de la nature des planètes fortunées ou encore dans lesquels il y a élévation des bonnes planètes, c'est-à-dire où celles-ci possèdent quelques Dignités.

Les degrés *masculins* sont ainsi dénommés parce que les planètes masculines y ont beaucoup de puissance, et pareillement les degrés *féminins* parce que les planètes féminines y ont plus de force.

Les degrés dits d'*Azemen* [1] sont ceux des infirmités du corps. *Azemen* désigne une infirmité physique, par exemple la surdité, la cécité, la faiblesse des membres ou quelque autre misère corporelle qui menace l'homme en cette existence.

Lorsque la Lune, lors d'une nativité, se trouve dans un de ces derniers degrés, un accident de ce genre se produit toujours. De même lorsque les

[1] L'auteur n'en a mentionné aucun dans le signe du Bélier.

planètes sont dans les degrés lumineux, elles ont une plus forte signification bénéfique parce que ces degrés désignent la beauté, la splendeur, la fortune ; si elles sont dans les degrés ténébreux, elles dénotent des ennemis, des difficultés, des calamités épouvantables et de sombres malheurs ; dans les degrés *Voiles* ou *Vides*, elles marquent des choses moins horribles ; dans les degrés *Infernaux*, elles affaiblissent la beauté et l'aspect général de celui qui naît sous cette disposition ; enfin, dans les degrés honorifiques, elles augmentent la chance et le bonheur et permettent à celui qu'elles influencent ainsi de s'élever, de dominer et de s'enrichir.

Il faut remarquer que les degrés d'Azemen signifient plutôt l'infériorité physique irréparable, tandis que les Infernaux [1] ont une tendance à l'humidité : ils annoncent la pluie pour le temps et l'hydropisie pour l'homme.

On appelle *Exaltation* d'une planète le signe du Zodiaque, ou un degré de ce signe, dans lequel la puissance de cette planète se trouve accrue par une sorte de sublimation naturelle. Le Soleil est en Exaltateon à 19° du Bélier parce que, à cet endroit,

[1] L'auteur emploie l'adjectif *puteal* qui dérive de *puteus*, puits : c'est donc la fosse, le cloaque, l'abîme, l'enfer du zodiaque, lieu humide par conséquent ; c'est au *puteus* peut-être que La Fontaine a fait allusion dans sa fable où il est question du puits de l'astrologue.

il commence à tourner franchement vers le Nord et que, à partir de ce moment, les jours se mettent à croître.

Règle : *Le lieu du Zodiaque opposé à celui de l'Exaltation d'une planète est le lieu de sa Dépression ou Détriment.* Exemple : L'Exaltation du Soleil étant à 19° du Bélier, la Dépression de cet astre est 19° de la Balance, lieu de l'Exaltation de Saturne, l'ennemi de la Vie et du Soleil.

Comme corollaire, le lieu du Zodiaque opposé à celui du Détriment d'une planète est le lieu de son Exaltation.

Il est à noter que de même qu'une planète en Domicile se comporte comme un homme dans sa demeure, et en Triplicité comme un homme dans ses fonctions entouré de ses collaborateurs, en Exaltation elle se conduit comme un homme dans son royaume.

Règle : *Le Domicile valant 5 dignités, ainsi qu'il a été dit, l'Exaltation en vaut 4.*

Les *Termes* ou *Confins* sont des divisions des signes du Zodiaque entre lesquelles, pour des raisons déterminées, ont été distribuées les cinq planètes suivantes : Saturne, Jupiter, Mars, Vénus, Mercure.

Règle : *Les deux luminaires*[1] *manquent de Termes ; chacun d'eux possède, en remplacement,*

[1] C.-à-d. le Soleil et la Lune.

la domination sur une moitié du Zodiaque comptée à partir de leurs Domiciles respectifs.

Ainsi, le Soleil commande depuis le Lion jusqu'au Verseau exclusivement [1].

RÈGLE : *De même que le Domicile vaut 5 dignités, l'Exaltation 4, la Triplicité 3, le Terme en vaut 2.*

Et ainsi que nous l'avons déjà dit, une planète en Domicile se comporte comme un homme dans sa demeure, en Exaltation comme un homme dans son royaume, en Triplicité comme un homme dans ses fonctions ; pareillement on peut comparer une planète en son Terme à un homme au milieu de ses parents et alliés.

On distingue enfin dans les signes trois *Décans* ou *Faces* qui les divisent en portions de chacune 10 degrés. La première Face comprend les dix premiers degrés du signe, la deuxième les dix suivants, la troisième les dix derniers ; mais ce n'est pas là une distinction d'excellence.

[1] Et la Lune depuis le Verseau jusqu'au Lion exclusivement.

§ 3. ÉTOILES FIXES DE LA CONSTELLATION DU BÉLIER SITUÉES DANS LE SIGNE DE MÊME NOM ÉTOILES FIXES D'AUTRES CONSTELLATIONS SITUÉES DANS LE SIGNE DU BÉLIER [1]

La figure de la constellation du Bélier est partagée entre deux signes : la moitié du cou, les deux membres antérieurs, la corne droite et la partie postérieure de la tête sont dans le signe de même nom ; le reste est dans celui du Taureau.

I. — *Etoiles fixes non comprises dans la constellation du Bélier* [2].

γ de Pégase.................................. ♂ ☿ ♃
η — .... ♂ ☿ ♃

[1] Aucune de ces étoiles ne se trouve aujourd'hui dans le signe du Bélier, elles appartiennent toutes au Taureau, par suite du déplacement du point vernal dû à la précession des équinoxes. Leurs coordonnées que donne l'auteur et que le traducteur a jugé inutile de reproduire sont également erronées maintenant : les étoiles se déplaçant lentement, mais d'une façon appréciable néanmoins. Le lecteur trouvera ces coordonnées dans la « Connaissance des Temps », avec d'autant plus de facilité que les noms désuets, employés par l'auteur, ont été ici remplacés par les appellations adoptées dans tous les almanachs astronomiques.

[2] L'auteur ne mentionne que les principales étoiles de la première à la sixième grandeur.

Les signes planétaires portés à droite indiquent la nature respective de chaque étoile.

α de Céphée.................................... ♄ ♃
α d'Andromède .... ♃ ♂
ε — .... ♀
β — .... ♀
α de l'Eridan .... ♃ ♀
ε de la Baleine................................ ♄
μ — .... ♄
α des Poissons................................ ♃ ☿
η — .... ♄ ☿

II. — *Etoiles fixes de la constellation du Bélier*

β du Bélier .... ♂ ♄
γ — .... ☿ ♄
α — .... ☿ ♄
ν — .... ♀
δ — .... ♀
σ — .... ♂

En général, il arrive que toutes les étoiles fixes constituant la figure des constellations zodiacales ne sont pas comprises dans le signe correspondant qui est bien leur propre domicile, et que, ainsi, une partie de la figure se trouve dans le signe de même nom, tandis qu'une autre partie occupe le signe suivant. C'est ainsi que l'on voit une partie de la constellation du Bélier, comprenant ses jambes de devant, la corne droite, la moitié de son cou et un peu de sa tête, résider vers la fin du signe du Bélier, tandis que le reste occupe près de vingt et un degrés du signe du Taureau.

RÈGLE : *Les parties de la constellation zodiacale situées hors du signe de même nom, contribuent au jugement du signe dans lequel elles se trouvent.*

§ 4. NATURE DES ÉTOILES FIXES DE LA CONSTELLATION OU DU SIGNE DU BÉLIER

Les étoiles de la constellation du *Bélier* donnent à l'homme :

I. — Sur le plan moral :

L'orgueil ;
La confiance en ses seules lumières ;
L'imagination faible et l'âme simple ;
L'amour des enfants ;
La lasciveté ;
Le mécontentement de ce qu'il a et l'avarice de ses biens ;
L'impudence ;
L'immoralité ;
La gourmandise et l'ivrognerie ;

La promptitude et la témérité ;

L'inconstance dans les résidences, de sorte qu'il ne demeure pas longtemps en sa patrie et vagabonde à travers les régions inconnues, poussé par le désir de parcourir la mer malgré une paresse inhérente à son tempérament qui le confine à l'oisiveté.

II. — Sur le plan physique :

Un col long ;

De petites jambes ;

L'aspect général faible ;

Une chevelure nombreuse et crépue, ayant de la propension à blanchir ;

Un teint bronzé quand l'influx vient de la première partie de la constellation, et un poil roux quand l'influx vient de la dernière partie ;

Un signe à la tête ;

La grosseur et l'embonpoint quand la première moitié de la constellation est à l'Ascendant [1] ;

La maigreur et l'épuisement quand la seconde moitié est à l'ascendant.

[1] Etre à l'Ascendant signifie apparaître à l'horizon Est, se lever.

Les étoiles des constellations suivantes font l'homme :

Céphée : grave ; austère ; pas cruel ; de vie tranquille ; pacifique ; aimant la fiction et la poésie.

Cassiopée : lascif, adonné à l'étude des pierres précieuses ; avide d'or ; aimant la sculpture.

Pégase : curieux ; fureteur ; studieux ; aimant la médecine.

La Baleine australe : gourmand et ivrogne ; enclin au vol, aimant la pêche.

L'Eridan et α des Poissons : adonné à la pêche ou au commerce des poissons.

RÈGLE : ***En connaissant les déterminations de chaque signe, il est facile de déduire la nature d'un chacun, dans la mesure cependant où la chose se peut et se doit.*** (Voir § 2 de ce chapitre).

Les étoiles fixes, en plus des signes, ont leurs significations et leur symbolisme. « Les noms stellaires, d'ailleurs, dit Ptolémée, sont symboliques, c'est pourquoi ils désignent des quadrupèdes terrestres, etc... »

Les constellations représentent et symbolisent :

I. — *Des figures matérielles ;*

1° Honorifiques.. { la Couronne septentrionale ; la Couronne australe.

2° Navales......... { le Navire Argo.

II. — *Des figures aquatiques ;*

1° Maritimes...... { le Cancer [1]. la Baleine. le Dauphin.

2° Fluviales....... { les Poissons. le Verseau.

III. — *Des figures terrestres ;*

1° Portant des noms humains { Orion. la Vierge. Orphée.

2° Ayant l'allure d'animaux { quadrupèdes. bêtes sauvages. animaux domestiques. reptiles. bêtes venimeuses. animaux muets. animaux attachés. etc.

[1] On traduit généralement Cancer (en grec χαρχινος) par Ecrevisse, en réalité c'est un animal quelconque de mer ou de rivière, pourvu de pinces.

IV. — *Des figures volatiles :*

Représentant des animaux	La poule. L'aigle. Le cygne. Le corbeau.

RÈGLE : *Lorsqu'on cherche la nature d'une étoile fixe et celle du degré où l'étoile se montre, il peut se faire que ces natures se trouvent analogues à une, deux ou trois planètes ; il convient alors d'opérer un mélange judicieux des diverses natures planétaires.*

Ainsi α du Bélier participe de la nature de Mars et de Saturne, on doit donc mélanger les natures de ces deux planètes et tirer un jugement d'après la majorité des points de concordance.

Quand la nature d'une étoile est analogue à celle d'une seule planète, il y a identification entre les deux natures.

RÈGLE : *Pour connaître plus exactement et plus à fond la nature et les propriétés des constellations, il faut se reporter à la mythologie.*

RÈGLE : *Pour tirer un jugement sur le physique ou le moral, on doit toujours se servir des principales étoiles d'une constellation en tenant compte de la nature physique ou morale de cette même constellation.*

III. — SIGNE DU TAUREAU

§ 1. NATURE INTRINSÈQUE

Le deuxième signe du Zodiaque est celui du Taureau ; son abréviation symbolique est ♉ . La constellation du Taureau se lève à rebours, en ce sens que sa tête regarde la terre et que la partie coupée sort la première de l'horizon.

Ce signe présente les particularités suivantes :

Position céleste :	Septentrionale par rapport à l'équateur. Ascension oblique. Méridionale dans la Triplicité. Vernale.
Nature élémentaire :	Terrestre ; mélancolique. Froide et sèche ; acide. Féminine. Nocturne ; fixe.
Symbolisme de sa figure :	Quadrupède ; fauve domestique Ni mutisme ni éloquence, mais entre les deux.
Calamité humaine :	Tortuosité.

Dignités planétaires :	Domicile de Vénus. Joie de Vénus.
Triplicité :	De Terre, dont les Seigneurs sont : diurne, Vénus nocturne, Lune. diurne et nocturne, Mars.
Position zodiacale :	Près du Bélier postérieur.
Correspondance humaine :	Cou et gorge.
Mois de l'année :	Avril.

Pour l'explication des termes de *septentrional*, *ascension oblique*, *vernal* et ceux du *symbole de la figure*, il faut se reporter au § 1 du chapitre II.

Le Taureau est *féminin* parce qu'il donne un certain caractère féminin à l'homme né sous son influx et qu'il le rend plus faible.

Il est *nocturne* parce qu'il confère un visage noir, laid, repoussant.

La *Calamité humaine*, les *Dignités* des planètes, *Domicile*, *Triplicité* et leur puissance ont été expliqués au § 1 du chapitre II.

Quant à la *Joie*, elle tire son nom de ce fait que toute planète à laquelle deux Domiciles sont assignés, en affectionne un plus particulièrement où elle semble se réjouir.

§ 2. NATURE DES DIFFÉRENTS DEGRÉS DU TAUREAU

— lumineux : .. 4, 5, 6, 7, 8, 9, 10, 11, 12, 13, 14, 15 ; 21, 22, 23, 24, 25. 26, 27, 28.

— masculins :.. 6, 7, 8, 9, 10, 11 ; 18, 19, 20, 21 ; 25, 26, 27, 28, 29, 30.

— féminins :... 1, 2, 3, 4, 5 ; 12, 13, 14, 15,

Degrés ténébreux :.. 1, 2, 3 ; 29, 30. 16, 17 ; 22, 23, 24.

— infernaux :.. 5 ; 12 ; 24 ; 25.

— honorifiques : 3 ; 15 ; 27 ;

— d'azamen :... 6, 7, 8, 9, 10.

— vides ::...... 8, 9, 10, 11, 12 ; 16, 17, 18, 19, 20.

Exaltation : ☾ au 3.

Terme de ♀ : 1, 2, 3, 4, 5, 6, 7, 8.

— ☿ : 9, 10, 11, 12, 13, 14, 15.

— ♃ : 16, 17, 18, 19, 20, 21.

— ♄ : 23, 24, 25, 26.

— ♂ : 27, 28, 29, 30.

Face de ☿ : 1, 2, 3, 4, 5, 6, 7, 8, 9, 10.

— ☾ : 11, 12, 13, 14, 15, 16, 17, 18, 19, 20.

— ♄ : 21, 22, 23, 24, 25, 26, 27, 28, 29, 30.

Détriment : ♂

§ 3. ÉTOILES FIXES DE LA CONSTELLATION DU TAUREAU SITUÉES DANS LE SIGNE DE MÊME NOM ÉTOILES FIXES D'AUTRES CONSTELLATIONS SITUÉES DANS LE SIGNE DU TAUREAU [1]

La figure de la constellation du Taureau est partagée entre deux signes : le cou presque en entier, le poitrail, le pied droit et la narine droite sont dans le signe de même nom ; la tête, les deux cornes, le front, les yeux et le pied gauche sont dans le signe des Gémeaux.

I. — *Etoiles fixes non comprises dans la constellation du Taureau*

	α	de Cassiopée	♄ ♀
Algol	β	de Persée	♄ ♃
	θ	—	♄ ♃
	α	de la Baleine	♄

[1] Voir la note p. 44.

II. — *Etoiles fixes de la constellation du Taureau*

	...	des Pléiades	....	♂ ☾
Alcyone	η	—	....	♂ ☾
	μ	du Taureau	....	♄ ☿
	β	—	....	♄ ☿
	γ	—	....	♄ ☿
	ε	—	....	♂ ♀
	κ	—	....	♂
	ζ	—	....	☿ ♂

Règle : *Il faut observer attentivement la nature des parties de la constellation du Bélier et des étoiles y comprises, qui se trouvent renfermées dans le signe du Taureau.*

Le Taureau tourne sa face vers les Gémeaux ; il n'est composé que d'une tête, d'un col et des pieds de devant ; le reste de son corps, c'est-à-dire tout l'arrière-train, a toujours été noyé dans un nuage par les astronomes cartographes [1].

[1] L'auteur a toujours soin d'attirer l'attention sur le symbolisme des figures célestes : c'est en effet un des grands points de la science, car les constellations n'ont pas été arbitrairement dessinées.

§ 4. NATURE DES ÉTOILES FIXES DE LA CONSTELLATION OU DU SIGNE DU TAUREAU

Les étoiles de la constellation du *Taureau* donnent à l'homme :

I. — Sur le plan moral :

1° *La constellation tout entière :*

Un esprit concentré en soi-même ;
Une intelligence médiocre ;
La faculté d'accomplir de grandes et admirables choses après avoir été stimulé et excité ;
L'âpreté au gain ;
L'amour du rajeunissement du passé ;
La recherche des jeunes filles et des jeunes garçons.
Le libertinage et plutôt les amours secrètes.

2° *Les Pléiades en particulier :*

La lasciveté ;
La recherche continuelle des amusements et des plaisirs ;
L'envie ;
La gourmandise ;

L'amour des exercices physiques ; le soin de la teinture capillaire ;

L'ambition ;

L'audace ;

Le goût des belles paroles et des nobles actions.

3° *Les Hyades en particulier* (Aldébaran) :

Le besoin d'agitation ;

L'amour du désordre ;

La recherche des querelles ·

Le respect toutefois de ses engagements ;

Une prédilection pour la guerre plutôt que pour la paix.

II. — Sur le plan physique.

1° *La constellation tout entière :*

Un col long et fort ;

Un front élevé, à la façon de celui des taureaux ;

De larges narines ;

Les yeux grands et saillants ;

Une peau velue ;

Des sourcils fournis

Une voix légèrement rauque.

2° *Les parties antérieures de la figure en particulier :*

La propension à grossir disproportionnément.

3° *Les parties finales de la figure en particulier :*

La propension à maigrir.

Les étoiles des constellations suivantes font l'homme :

Cassiopée : (Voir le signe du Bélier).

Persée : avide d'honneur et de victoire. ***Algol*** en particulier signifie péril de décapitation, soit par suite de guerre soit par suite de condamnation.

Baleine australe : (Voir le signe du Bélier).

IV. — SIGNE DES GEMEAUX

§ 1. NATURE INTRINSÈQUE

Le troisième signe du Zodiaque est celui des *Gémeaux* [1] ; son abréviation symbolique est ♊ . La constellation représente deux jumeaux enlacés ; quand elle se couche, les jumeaux sont debout et quand elle se lève ils sont couchés.

Ce signe présente les particularités suivantes :

Position céleste:	Septentrionale par rapport à l'équateur. Ascension oblique. Occidentale dans la Triplicité. Vernale.
Nature élémentaire :	Aérienne ; sanguine. Chaude et humide ; douce. Masculine. Diurne : commune (c'est-à-dire ni mobile ni fixe).
Symbolisme de la figure ;	Bipède. Raison ; éloquence ; empenné [2].

[1] On ne se sert plus que pour désigner le troisième signe zodiacal de ce vioux mot de *gémeaux*.

[2] Un des gémeaux est figuré tenant une flèche dans sa main.

Effet :	Fécondité.
Dignité planétaire :	Domicile diurne de Mercure.
Triplicité :	D'Air, dont les Seigneurs sont : diurne, Saturne. nocturne, Mercure. diurne et nocturne, Jupiter.
Position zodiacale :	Les Gémeaux touchent au Cocher et à la partie supérieure d'Orion, constellation qui se trouve placée entre le Taureau et les Gémeaux.
Correspondance humaine :	Epaules.
Mois de l'année :	Mai.

§ 2. NATURE DES DIFFÉRENTS DEGRÉS

Degrés	ténébreux :...	5, 6, 7 ; 23, 24, 25, 26, 27.
—	lumineux :...	1, 2, 3, 4 ; 8, 9, 10, 11, 12 ; 17, 18, 19, 20, 21, 22.
—	masculins :..	6, 7, 8, 9, 10, 11, 12, 13, 14, 15, 16 ; 23, 24, 25, 26.
—	féminins :...	1, 2, 3, 4, 5 ; 17, 18, 19, 20, 21, 22 ; 27, 28, 29, 30.
—	honorifiques :	11, 27.
—	infernaux :..	2, 12, 17, 26.
—	vides :	13, 14, 15, 16 ; 28, 29, 30.

Terme de ☿ : 1, 2, 3, 4, 5, 6, 7.
— ♃ : 8, 9, 10, 11, 12, 13, 14.
♀ : 15, 16, 17, 18, 19, 20, 21.
— ♄ : 22, 22, 24, 25.
— ♂ : 26, 27, 28, 29, 30.
Face de ♃ : 1, 2, 3, 4, 5, 6, 7, 8, 9, 10.
— ♂ : 11, 12, 13, 14, 15, 16, 17, 18, 19, 20.
— ☉ : 21, 22, 23, 24, 25, 26, 27, 28, 29, 30.
Détriment : ♃

§ 3. ÉTOILES FIXES DE LA CONSTELLATION DES GÉMEAUX SITUÉES DANS LE SIGNE DE MÊME NOM ÉTOILES FIXES D'AUTRES CONSTELLATIONS SITUÉES DANS LE SIGNE DES GÉMEAUX[1]

I. — *Etoiles fixes non comprises dans la constellation des Gémeaux :*

	γ	du Taureau (Hyades)............	♂
	δ	— —	♂
	θ	— —	♂
	π	— —	♂
	ν	du Taureau........................	♂
Aldebaran	α	—	♂
Bellatrix	γ	d'Orion	♂ ☿

[1] Voir la note p. 44.

Betelgeuse	α d'Orion	♂ ☿
Rigel	β —	♃ ♄
	δ —	♃ ♄
	ε —	♃ ♄
	ζ —	♃ ♄
	α du Lièvre............................	♄ ☿
	η des Chevreaux............................	♂ ☿
	ζ —	♂ ☿
La Chèvre	α du Cocher............................	♂ ☿
	β —	♂ ☿
La Polaire	α de la Petite Ourse............................	♄ ♀
	δ —	♄ ♀

II. — *Etoiles fixes de la constellation des Gémeaux*

Castor	α des Gémeaux............................	♀
Pollux	β —	♂
	ε —	♂
	δ —	♄
	γ —	☿ ♀
	μ —	☿ ♀

§ 4. NATURE DES ÉTOILES FIXES DE LA CONSTELLATION OU DU SIGNE DES GÉMEAUX

Les étoiles de la constellation des Gémeaux don nent à l'homme :

I. — Sur le plan moral :

L'intelligence subtile ;
L'inclination vers les beaux-arts ;
L'amour de la musique .
L'inconstance ;
Un raisonnement excellent ;
La considération.

II. — Sur le plan physique :

1. *La constellation tout entière :*

Une juste proportion dans les membres et une stature moyenne ;
Un visage régulier ;
Une poitrine large ;
Des bras bien développés ;
Un corps débile.

2. *Les parties antérieures de la figure en particulier :*

La propension à devenir disproportionnément gros et obèse.

3. *Les parties finales de la figure en particulier :*

La propension à devenir disproportionnément maigre.

Les étoiles des constellations suivantes font l'homme :

Les Pléiades (voir le signe du Taureau).

Les Chevreaux :

Lascif ; adonné au vin et à la bonne chère ; porté à tous les plaisirs ; soigneux néanmoins ; versatile et avant de s'endormir craignant pour sa personne.

La Chèvre :

Inquiet ; timoré ; résigné dans ses désirs.

Le Cocher :

Orgueilleux ; entreprenant l'impossible.

Les Hyades (voir le signe du Taureau).

Orion :

1° *La constellation tout entière :*

Embrassant des affaires diverses, donc toujours occupé ; changeant souvent de domicile et de résidence ; en proie à la malechance.

2° *L'étoile Bellatrix en particulier :*

Irréligieux ; perfide ; cupide ; aimant la chasse.

Le Lièvre :

Travailleur ; actif ; vagabond ; ne faisant rien de bon de sa propre initiative.

V. — SIGNE DU CANCER

§ 1. NATURE INTRINSÈQUE

Le quatrième signe du Zodiaque est celui du *Cancer;* il est contigu au tropique ; son abréviation symbolique est ♋.

Ce signe présente les particularités suivantes :

Position céleste :	Septentrionale par rapport à l'équateur. Ascension droite. Occidentale dans la Triplicité. Estivale.
Nature élémentaire :	Aqueuse ; phlegmatique. Froide et humide ; insipide. Féminine. Nocturne ; mobile.
Symbolisme de la figure :	Reptile. Mutisme.
Effet :	Fécondité.
Calamité humaine :	Tortuosité.
Dignité planétaire :	Domicile de la Lune.

Triplicité :	D'Eau, dont les Seigneurs sont : diurne, Vénus. nocturne, Mars. diurne et nocturne, Lune.
Position zodiacale :	La constellation du Cancer est située un peu au-dessus de la tête de l'Hydre, près du tropique du Cancer.
Correspondance humaine :	Poitrine, poumons.
Mois de l'année :	Juin.

§ 2. NATURE DES DIFFÉRENTS DEGRÉS DU CANCER

Degrés ténébreux :..	13, 14.
— lumineux : ..	1, 2, 3, 4, 5, 6, 7, 8, 9, 10, 11, 12 ; 21, 22, 23, 24, 25, 26, 27, 28.
— masculins :..	9, 10 ; 13, 14, 15, 16, 17, 18, 19, 20, 21, 22, 23 ; 28, 29, 30.
— féminins :...	3, 4, 5, 6, 7, 8 ; 11, 12 ; 24, 25, 26, 27.
— infernaux :..	12 ; 17 ; 23 ; 26 ; 30.
— honorifiques :	1, 2, 3, 4 ; 15.
— d'azemen : ..	9, 10, 11, 12, 13, 14, 15.
— voilés :......	19, 20.
— vides :	15, 16, 17, 18 ; 29, 30.

Exaltation: ♃ au 15.
Terme de ♂ : 1, 2, 3, 4, 5, 6.
— ♃ : 7, 8, 9, 10, 11, 12, 13.
— ☿ : 14, 15, 16, 17, 18, 19, 20.
— ♀ : 21, 22, 23, 24, 25, 26, 27.
— ♄ : 28, 29, 30.
Face de ♀ : 1, 2, 3, 4, 5, 6, 7, 8, 9, 10.
— ☿ : 11, 12, 13, 14, 15, 16, 17, 18, 19, 20.
— ☾ : 21, 22, 23, 24, 25, 26, 27, 28, 29, 30.
Détriment : ♄.
Chute : ♂ au 28.

§ 3. ÉTOILES FIXES DE LA CONSTELLATION DU CANCER SITUÉES DANS LE SIGNE DE MÊME NOM; ÉTOILES FIXES D'AUTRES CONSTELLATIONS SITUÉES DANS LE SIGNE DU CANCER.

I. — *Etoiles non comprises dans la constellation du Cancer :*

Canopus α du Navire........................ ♃ ♄
Sirius α du Grand Chien............... ♃ ♂
Procyon α du Petit Chien.................. ♂ ☿
β de la Grande Ourse........... ......
ε de la Petite Ourse.............. ......

II. — *Etoiles non comprises dans la constellation du Cancer :*

θ du Cancer .... ♂ ☾
κ — .... ♄ ☿

§ 4. NATURE DES ÉTOILES FIXES DE LA CONSTELLATION OU DU SIGNE DU CANCER

Les étoiles de la constellation du Cancer donnent à l'homme :

I. — Sur le plan moral :

La versatilité ;

L'inconstance et l'amour du changement ;

Le don du trafic et du commerce.

II. — Sur le plan physique :

La voix faible ;

Les épaules larges ;

La chevelure abondante et foncée ;

L'allure humble ;

Les membres supérieurs plus gros que les inférieurs ;

Un gros ventre ;

Des dents mal alignées ;

De petits yeux ;

Des sourcils fournis.

Les étoiles des constellations suivantes font l'homme :

La Grande Ourse :

Courageux, habile à dompter les bêtes féroces.

Le Grand Chien et particulièrement l'étoile Sirius (dite aussi *la Canicule*):

Fougueux, facilement porté à se donner un certain air méchant et farouche; inhumain, violent, irascible, redoutable, prompt à la menace, orgueilleux de ses actes et de ses paroles, mal embouché.

Le Petit Chien et particulièrement l'étoile Procyon :

Dresseur d'embûches qui tournent mal, fidèle à ses amis, curieux des affaires d'autrui.

VI. — SIGNE DU LION

§ 1. NATURE INTRINSÈQUE

Le cinquième signe du Zodiaque est celui du *Lion ;* la tête de la figure constellaire de ce nom regarde le Cancer ; l'abréviation symbolique est ♌

Ce signe présente les particularités suivantes :

Position céleste :	Septentrionale par rapport à l'équateur. Ascension droite. Orientale dans la Triplicité. Estivale.
Nature élémentaire :	Ignée ; bilieuse. Chaude et sèche ; amère. Masculine. Diurne ; fixe.
Symbolisme de la figure :	Quadrupède ; bête sauvage. Ni mutisme ni éloquence.
Effet :	Stérilité.
Dignité planétaire :	Domicile du Soleil.

Triplicité :	De Feu, dont les Seigneurs sont : diurne, Soleil. nocturne, Jupiter. diurne et nocturne, Saturne.
Position zodiacale :	Au-dessus du corps de l'Hydre depuis la tête de cette figure jusque vers sa moitié.
Correspondance humaine :	Cœur, estomac
Mois de l'année :	Juillet.

§ 2. NATURE DES DIFFÉRENTS DEGRÉS DU LION

Degrés	ténébreux : .	1, 2, 3, 4, 5, 6, 7, 8, 9, 10.
—	lumineux : .	26, 27, 28, 29, 30.
—	masculins : .	1, 2, 3, 4, 5 ; 9, 10, 11, 12, 13, 14, 15 ; 24, 25, 26, 27, 28, 29, 30.
—	féminins : ..	6, 7, 8 ; 16, 17, 18, 19, 20, 21, 22, 23.
—	infernaux : .	6 ; 13 ; 15 ; 22, 23 ; 28.
—	honorifiques:	2 ; 5 ; 7 ; 19.
—	d'azemen :..	18 ; 27, 28.
—	voilés :	11, 12, 13, 14, 15, 16, 17, 18, 19, 20.
—	vides :......	21, 22, 23, 24, 25.

Terme de ♄ : 1, 2, 3, 4, 5, 6.
— ☿ : 7, 8, 9, 10, 11, 12, 13.
— ♀ : 14, 15, 16, 17, 18, 19.
— ♃ : 20, 21, 22, 23, 24, 25.
— ♂ : 26, 27, 28, 29, 30.

Face de ♄ : 1, 2, 3, 4, 5, 6, 7, 8, 9, 10.
— ♃ : 11, 12, 13, 14, 15, 16, 17, 18, 19, 20.
— ♂ : 21, 22, 23, 24, 25, 26, 27, 28, 29, 30.

Détriment: ♄

§ 3. ÉTOILES FIXES DE LA CONSTELLATION DU LION SITUÉES DANS LE SIGNE DE MÊME NOM ÉTOILES FIXES D'AUTRES CONSTELLATIONS SITUÉES DANS LE SIGNE DU LION

La constellation du Lion regarde le Cancer ; la partie antérieure avec les pieds de devant de la figure se trouve dans le signe de même nom et en occupe le tiers ; la partie postérieure avec les pieds de derrière est dans le signe de la Vierge et s'étend jusqu'à 18°.

I. — *Etoiles fixes non comprises dans la constellation du Lion.*

γ du Cancer (les Anes)............... ♂ ☉
δ — — .... ♂ ☉
ζ — .... ♄ ♂

	ζ	du Cancer	♄ ☿
	κ	de la Grande Ourse	♂
	π	—	♂
Alphard	α	de l'Hydre	♃ ♀
	γ	du Navire	♄ ♃

II. — *Etoiles fixes de la constellation du Lion*

Régulus	α	du Lion	♃ ♂
	ε	—	♄ ♂
	γ	—	♃ ♂
	ν	—	♃ ♂
	η	—	♄ ♀

§ 4. NATURE DES ÉTOILES FIXES DE LA CONSTELLATION OU DU SIGNE DU LION

Les étoiles de la constellation du Lion donnent à l'homme :

I. — Sur le plan moral :

1. *La constellation toute entière.*

La cruauté ;
L'irascibilité ;
La force ;
La promptitude à la menace ;
L'avarice et l'insatiabilité ;
Le goût du pillage et conséquemment une vie malhonnête ;
La gourmandise et l'amour de la table.

2. *L'étoile Régulus en particulier.*

Le désir du pouvoir et l'ambition de régner ;
L'orgueil ;
La magnanimité.

II. — Sur le plan physique :

Une taille élevée ;
Une large poitrine ;
Les membres supérieurs plus développés que les inférieurs ;
Une démarche vive et rapide ;
Des jambes minces ;
L'aspect vigoureux ;
La voix sonore ;
Beaucoup de cheveux ;
Le teint bronzé.

La nature des autres constellations comprises dans le signe du Lion est ou expliquée au chapitre suivant comme celle de la *Grande Ourse*, ou contenue dans les mythes comme celle de l'*Hydre* ou du *Navire Argo*.

VII. — SIGNE DE LA VIERGE

§ 1. NATURE INTRINSÈQUE

Le sixième signe du Zodiaque est celui de la *Vierge ;* son abréviation symbolique est ♍.

Ce signe présente les particularités suivantes :

Position céleste :	Septentrionale par rapport à l'équateur. Ascension droite. Méridionale dans la Triplicité. Estivale.
Nature élémentaire :	Terrestre ; mélancholique. Froide et sèche ; acide. Féminine. Nocturne ; ni mobile ni fixe mais entre les deux.
Symbolisme de la figure :	Raison ; éloquence ; empenné[1].
Effet :	Stérilité.
Dignité planétaire :	Domicile nocturne de Mercure.

[1] La Vierge est représentée avec des ailes.

Triplicité :	De Terre, dont les Seigneurs sont : diurne, Vénus. nocturne, Lune. diurne et nocturne, Mars.
Position zodiacale :	La constellation de la Vierge se trouve sous les pieds du Bouvier, sa tête touche à la partie postérieure du Lion, et sa main gauche à l'équateur.
Correspondance humaine :	Foie, intestins, ventre.
Mois de l'année :	Août.

§ 2. NATURE DES DIFFÉRENTS DEGRÉS DE LA VIERGE

Degrés ténébreux : . 1, 2, 3, 4, 5 ; 28, 29, 30.
— lumineux :.. 6, 7, 8 ; 11, 12, 13, 14, 15, 16.
— masculins : . 9, 10, 11, 12 ; 21, 22, 23, 24, 25, 26, 27, 28, 29, 30.
— féminins : .. 1, 2, 3, 4, 5, 6, 7, 8 ; 13, 14, 15, 16, 17, 18, 19, 20.
— infernaux : . 8 ; 13 ; 16 ; 21 ; 25.
— honorifiques: 3 ; 14 ; 20.
— voilés :...... 17, 18, 19, 20, 21, 22.
— vides :...... 9, 10 ; 23, 24, 25, 26, 27.

Exaltation : ☿ au 15.
Terme de ☿ : 1, 2, 3, 4, 5, 6, 7.
— ♀ : 8, 9, 10, 11, 12, 13.
— ♃ : 14, 15, 16, 17, 18.
— ♄ : 19, 20, 21, 22, 23, 24.
— ♂ : 25, 26, 27, 28, 29, 30.
Face de ☉ : 1, 2, 3, 4, 5, 6, 7, 8, 9, 10.
— ♀ : 11, 12, 13, 14, 15, 16, 17, 18, 19, 20.
— ☿ : 21, 22, 23, 24, 25, 26, 27, 28, 29, 30.
Détriment : ♃
Chute : ♀ au 27.

§ 3. ÉTOILES FIXES DE LA CONSTELLATION DE LA VIERGE SITUÉES DANS LE SIGNE DE MÊME NOM ÉTOILES FIXES D'AUTRES CONSTELLATIONS SITUÉES DANS LE SIGNE DE LA VIERGE

Une petite partie seulement de la figure de la Vierge se trouve dans le signe de même nom ; elle comprend la tête, le cou, le haut de la poitrine, la moitié des ailes et la main gauche, car la tête touche la queue et la croupe du Lion, lesquelles sont situées dans la première moitié du signe de la Vierge.

I. — *Etoiles fixes non comprises dans la constellation de la Vierge.*

δ du Lion..	♄ ♀
β —	♄ ☿
θ —	♄ ♀
ε de la Grande Ourse........................	♂
ζ —	♂
η —	♂
R de la Chevelure de Bérénice...............	☾♀
θ de la Coupe................................	♀ ☿
η du Navire	♄ ♃

II. — *Etoiles de la constellation de la Vierge*

β de la Vierge................................	☿♂
ο —	☿♂

§ 4. NATURE DES ÉTOILES FIXES DE LA CONSTELLATION OU DU SIGNE DE LA VIERGE

Les étoiles de la constellation de la Vierge donnent à l'homme :

I. — Sur le plan moral :

1. *La constellation toute entière.*

L'esprit de justice ;
Le raisonnement droit ;
La pudeur ;
L'amour de la religion.

2. *L'étoile Epi de la Vierge en particulier*

Le goût de l'agriculture ;
Le talent culinaire ;
L'initiation en haute science (surtout si Mercure est en aspect avec cette étoile).

II. — Sur le plan physique :
Une taille plutôt élevée ;
Un aspect tenant le milieu entre la grosseur et la maigreur ;
Des membres bien proportionnés.

Les étoiles des constellations suivantes font l'homme :

La Grande Ourse :
Voir le signe du Cancer.

La Chevelure de Bérénice :
Selon le symbole mythologique.

La Coupe :
Gourmand, aimant la boisson et en faisant ses principales délices.

Le Navire Argo :
Selon le symbole mythologique.

VIII. — SIGNE DE LA BALANCE

§ 1. NATURE INTRINSÈQUE

Le septième signe du Zodiaque est celui de la *Balance* ; son abréviation symbolique est ♎.

Ce signe présente les particularités suivantes :

Position céleste :	Méridionale par rapport à l'équateur. Ascension droite. Occidentale dans la Triplicité. Automnale.
Nature élémentaire :	Aérienne ; sanguine. Chaude et humide ; douce. Masculine. Diurne ; mobile.
Dignité planétaire :	Domicile de Vénus.
Triplicité :	D'Air, dont les Seigneurs sont : diurne, Saturne. nocturne, Mercure. diurne et nocturne, Jupiter.
Position zodiacale :	Contigu aux serres antérieures du Scorpion.
Correspondance humaine :	Reins, hanche, vessie.
Mois de l'année :	Septembre.

§ 2. NATURE DES DIFFÉRENTS DEGRÉS DE LA BALANCE

Degrés ténébreux :.. 6, 7, 8, 9, 10 ; 19, 20, 21.
— lumineux : . 1, 2, 3, 4, 5 ; 11, 12, 13, 14, 15, 16, 17, 18 ; 22, 23. 24, 25, 26, 27.
— masculins : . 1, 2, 3, 4, 5 ; 16, 17, 18, 19, 20 ; 28, 29, 30.
— féminins : .. 6, 7, 8, 9, 10 ; 21, 22, 23, 24, 25, 26, 27.
— infernaux :. 1 ; 7 ; 20 ; 30.
— honorifiques: 3 ; 5 ; 21.
— vides : ...... 28, 29, 30.
Exaltation :♄ au 21.
Terme de ♄ : 1, 2, 2, 4, 5, 6.
— ♀ : 7, 8, 9, 10, 11, 12.
— ♃ : 13, 14, 15, 16, 17, 18, 19.
— ☿ : 20, 21, 22, 23, 24.
— ♂ : 25, 26, 27, 28, 29, 30.
Face de ☾ : 1, 2, 3, 4, 5, 6, 7, 8, 9, 10.
— ♄ : 11, 12, 13, 14, 15, 16, 17, 18, 19, 20.
— ♃ : 21, 22, 23, 24, 25, 26, 27, 28, 29, 30.
Détriment : ♂.
Chute : ☉ au 19.

§ 3. ÉTOILES FIXES DE LA CONSTELLATION DE LA BALANCE COMPRISES DANS LE SIGNE DE MÊME NOM ÉTOILES FIXES D'AUTRES CONSTELLATIONS SITUÉES DANS LE SIGNE DE LA BALANCE

I. — *Etoiles fixes non comprises dans la constellation de la Balance.*

La Vendangeuse	ε	de la Vierge	♄ ♀
	δ	—	☿ ♄
	γ	—	☿ ♀
Epi	α	—	♂ ♀
	θ	—	♂ ♀
	τ	—	♂ ♀
	γ	du Bouvier	♄ ☿
	δ	—	☿ ♄
Arcturus	α	—	♃ ♂
	ε	du Corbeau	♄
	δ	—	♄ ♂
	α	du Centaure	♀ ♄

II. —*Etoiles fixes de la constellation de la Balance*

Elles sont toutes dans le Scorpion.

§ 4. NATURE DES ÉTOILES FIXES DE LA CONSTELLATION OU DU SIGNE DE LA BALANCE

Les étoiles de la Constellation de la Balance donnent à l'homme :

I. — Sur le plan moral :

L'esprit de justice ;
L'égalité d'âme ;
En lui-même la cause de sa propre mort ;
La confiance en sa propre imagination ;
Le talent d'invention dans les beaux-arts ;
La bonté et le raisonnement droit.

II. — Sur le plan physique :

La beauté générale ;
Des membres bien proportionnés ;
Une stature moyenne, une allure mince ;
Un visage blanc ;
Le reste du corps bronzé.

Les étoiles des constellations suivantes font l'homme :

Le Bouvier :

Fidèle ; discret pour les confidences qu'on lui fait ; riche par suite de sa fidélité.

Le Centaure :

Aimant les chevaux et les dressant ; ayant le goût des armes et de la guerre.

IX. — SIGNE DU SCORPION

§ 1. NATURE INTRINSÈQUE

Le huitième signe du Zodiaque est celui du *Scorpion ;* son abréviation symbolique est ♏.

Ce signe présente les particularités suivantes :

Position céleste :	Méridionale par rapport à l'équateur. Ascension droite. Septentrionale dans la Triplicité. Automnale.
Nature élémentaire :	Aqueuse ; phlegmatique. Froide et humide ; insipide. Féminine. Nocturne ; fixe.
Symbolisme de la figure :	Reptile. Mutisme.
Calamité humaine :	Tortuosité ; tares physiques.
Dignité planétaire :	Domicile de Mars.
Triplicité :	D'Eau, dont les Seigneurs sont : diurne, Vénus. nocturne, Mars. diurne et nocturne, Lune.

Position zodiacale :	La constellation du Scorpion est contiguë aux plateaux de la Balance et se prolonge vers le Sagittaire dans le signe de ce nom.
Correspondance humaine :	Parties génitales de l'homme et de la femme.
Mois de l'année :	Octobre.

§ 2. NATURE DES DIFFÉRENTS DEGRÉS DU SCORPION

Degrés	ténébreux :..	1, 2, 3 ; 28, 29, 30.
—	lumineux : .	4, 5, 6, 7, 8 ; 15, 16, 17, 18, 19, 20.
—	masculins :...	1, 2, 3, 4 ; 15, 16, 17 ; 26, 27, 28, 29, 30.
—	féminins : ...	5, 6, 7, 8, 9, 10, 11, 12, 13, 14 ; 18, 19, 20, 21, 22, 23, 24, 25.
—	infernaux : ..	9, 10 ; 22, 23 ; 27.
—	honorifiques :	7 ; 18 ; 20.
—	d'azemen : ...	19 ; 29.
—	voilés :	21, 22.
—	vides :	9, 10, 11, 12, 13, 14 ; 23, 24, 25, 26, 27.

Terme de	♂	: 1, 2, 3, 4, 5, 6.
—	♃	: 7, 8, 9, 10, 11, 12, 13, 14.
—	♀	: 15, 16, 17, 18, 19, 20, 21.
—	☿	: 22, 23, 24, 25, 26, 27.
—	♄	: 28, 29, 30.

Face de ♂ : 1, 2, 3, 4, 5, 6, 7, 8, 9, 10.
— ☉ : 11, 12, 13, 14, 15, 16, 17, 18, 19, 20.
— ♀ : 21, 22, 23, 24, 25, 26, 27, 28, 29, 30.

Détriment : ♀

Chute : ☾ au 3.

§ 3. ÉTOILES FIXES DE LA CONSTELLATION DU SCORPION COMPRISES DANS LE SIGNE DE MÊME NOM ÉTOILES FIXES D'AUTRES CONSTELLATIONS SITUÉES DANS LE SIGNE DU SCORPION

Une partie de la constellation du Scorpion se trouve dans le signe du Sagittaire où elle s'étend jusqu'à 25°.

La partie antérieure de la figure, comprenant les serres, est bien dans le signe du Scorpion, mais elle s'étend jusqu'au bassin de la Balance. De sorte que la figure du Scorpion occupe dans le signe de même nom 23° pour la partie antérieure et 25° pour la partie postérieure.

La constellation du Scorpion est presque toute australe, sauf les pieds de devant qui se tournent vers le Nord.

I. — *Etoiles non comprises dans la constellation du Scorpion :*

α de la Balance........................ ♃ ☿

β — .... ♃ ☿

La Perle α de la Couronne........................ ♀ ☿
β du Serpent .... ♄ ♂
ε d'Ophiuchus .... ♄ ♀
α du Loup .... ♄ ♂
δ du Centaure .... ♃ ♀
η — .... ♀ ☿
κ — .... ♀ ☿

II. — *Etoiles de la constellation du Scorpion :*

β du Scorpion .... ♂ ♄
γ — .... ♄ ♂
ρ — .... ♄ ♂
δ — .... ♄ ♂
ε — .... ♃ ☿
τ — .... ♂ ♄

Règle : *La partie humaine du Centaure et les étoiles qui la composent sont de la nature de Mercure et Vénus ; la partie équestre de celle de Jupiter et Vénus.*

§ 4. NATURE DES ÉTOILES FIXES DE LA CONSTELLATION OU DU SIGNE DU SCORPION

Les étoiles de la constellation du Scorpion donnent à l'homme :

I. — Sur le plan moral :

1. *La constellation tout entière :*

Une intelligence splendide ;

L'opiniâtreté.
L'esprit de raillerie ;
La perfidie sous la feinte de l'amitié ;
Le goût pour construire des châteaux, des tours et des forteresses, et pour restaurer des ruines ;
L'ambition d'embellir les villes d'édifices publics et d'œuvres d'art.

2. *L'étoile Antarès en particulier :*

La rapacité ;
La violence ;
L'ambition du pouvoir.

II. — Sur le plan physique :

De petits yeux ;
Une physionomie fine ;
Une chevelure abondante ;
De longues jambes ;
De grands pieds ;
La démarche vive ;
Un corps assez bien proportionné.

Les étoiles des constellations suivantes font l'homme :

La Couronne :

Elégant et propre ; porté à l'adultère ; aimant les parfums ; voluptueux.

Le Serpentaire :

Actif ; gagnant sa vie avec beaucoup de travail.

Le Centaure :

(Voir le signe de la Balance).

X. — SIGNE DU SAGITTAIRE

§ 1. NATURE INTRINSÈQUE

Après le signe du Scorpion se trouve celui du *Sagittaire ;* c'est le huitième signe du Zodiaque ; son abréviation symbolique est ♐.

Ce signe présente les particularités suivantes :

Position céleste :	Méridional par rapport à l'équateur. Ascension droite. Orientale dans la Triplicité. Automnale.
Nature élémentaire :	Ignée, bilieuse. Chaude et sèche ; amère. Masculine. Diurne ; ni fixe ni mobile.
Symbolisme de la figure :	Eloquence. Bête sauvage.
Dignité planétaire :	Domicile de Jupiter.
Triplicité :	De Feu, dont les Seigneurs sont : diurne, Soleil. nocturne, Jupiter. diurne et nocturne, Saturne.
Position zodiacale :	Entre les pieds du Sagittaire, à moitié de son arc se trouve la Couronne australe.

Correspondance humaine : Hanches ; bassin ; postérieur.
Mois de l'année : Novembre.

§ 2. NATURE DES DIFFÉRENTS DEGRÉS DU SAGITTAIRE

Degrés ténébreux :. 10, 11, 12.
— lumineux :. 1, 2, 3, 4, 5, 6, 7, 8, 9 ; 13, 14' 15, 16, 17, 18, 19 ; 24, 25, 26, 27, 28, 29, 30.
— masculins :. 1, 2 ; 6, 7, 8, 9, 10, 11, 12 ; 25, 26, 27, 28, 29, 30.
— féminins :.. 3, 4, 5 ; 13, 14, 15, 16, 17, 18, 19, 20, 21, 22, 23, 24.
— infernaux :. 7 ; 12 ; 15 ; 24 ; 27 ; 30.
— honorifiques :13 ; 20.
— d'azemen : . 1 ; 7, 8 ; 18, 19.
— voilés :..... 20, 21, 22, 23.
Terme de ♃ : 1, 2, 3, 4, 5, 6, 7, 8.
— ♀ : 9, 10, 11, 12, 13, 14.
— ☿ : 15, 16, 17, 18, 19.
— ♄ : 20, 21, 22, 23, 24, 25.
— ♂ : 26, 27, 28, 29, 30.
Face de ☿ : 1, 2, 3, 4, 5, 6, 7, 8, 9, 10.
— ☾ : 11, 12, 13, 14, 15, 16, 17, 18, 19, 20.
— ♄ : 21, 22, 23, 24, 25, 26, 27, 28, 29, 30.
Chute : ☊.
Détriment : ☿.

§ 3. ÉTOILES FIXES DE LA CONSTELLATION DU SAGITTAIRE SITUÉES DANS LE SIGNE DE MÊME NOM ÉTOILES FIXES D'AUTRES CONSTELLATIONS SITUÉES DANS LE SIGNE DU SAGITTAIRE

Une petite partie seulement de la constellation du Sagittaire se rencontre dans le signe de même nom : l'arc, la moitié de la flèche et la main gauche qui tient l'arc ; tout le reste de la figure est dans le signe du Scorpion et, sauf la tête, se trouve dans l'hémisphère austral.

I. — *Etoiles fixes non comprises dans la constellation du Sagittaire.*

Antarès	α du Scorpion	♄ ♂
	μ —	♂ ☿
	κ —	♂ ☾
	α d'Hercule	♂ ☿
	α d'Ophiuchus	♄ ♀
	β du Dragon	♄ ♀
	α de l'Autel	......

II. — *Etoiles fixes de la constellation du Sagittaire:*

γ du Sagittaire	♂ ☾
σ —	♃ ♂
δ —	......

§ 4. NATURE DES ÉTOILES FIXES DE LA CONSTELLATION OU DU SIGNE DU SAGITTAIRE

Les étoiles de la constellation du *Sagittaire* donnent à l'homme :

I. — Sur le plan moral :

1. *Dans la partie humaine de la figure :*

Un tempérament pacifique ;
Un raisonnement juste ;
L'adresse et la prudence ;
Le désir de la gloire ;
Le goût de la restauration des cités détruites, de leur repeuplement et de leur embellissement.

2. *Dans la partie équestre de la figure :*

Le raisonnement faux ;
L'intelligence bornée ;
Le goût de la destruction des cités.

II. — Sur le plan physique :

1. *La constellation tout entière :*

Un corps débile ;
Un visage pâle ;
Une barbe longue ;
Des cheveux fins ;
Le haut du corps plus beau que le bas ;
Un ventre large.

2. *La partie humaine de la figure en particulier :*

Un corps bien proportionné ;
Une voix claire et vibrante.

Les étoiles des constellations suivantes font l'homme :

Hercule :

Fourbe ; expert et habile en toute sorte de tromperies ; faisant le mal avec passion et sans frein ; audacieux ; énergique et persévérant.

Le Dragon :

Méchant ; envieux ; séducteur ; fauteur de discordes : vagabond; filou.

Le Serpentaire ·

(Voir le signe du Scorpion).

XI. — SIGNE DU CAPRICORNE

§ 1. NATURE INTRINSÈQUE

Le dixième signe du Zodiaque est celui du *Capricorne ;* son abréviation symbolique est ♑

Ce signe présente les particularités suivantes :

Position céleste :	Méridionale par rapport à l'équateur. Ascension oblique. Méridionale dans la Triplicité. Hivernale.
Nature élémentaire :	Terrestre ; mélancholique. Froide et sèche ; acide. Nocturne ; mobile. Féminine.
Symbolisme de la figure :	Déraison... Ni mutisme ni éloquence.
Effet :	Stérilité.
Dignité planétaire :	Domicile nocturne de Saturne.
Triplicité :	De Terre, dont les Seigneurs sont : diurne, Vénus. nocturne, Lune. diurne et nocturne, Mars.

Position zodiacale :	Conjoint au tropique de même nom ; c'est le plus austral de tous les signes.
Correspondance humaine :	Genoux et nerfs.
Mois de l'année :	Décembre.

§ 2. NATURE DES DIFFÉRENTS DEGRÉS DU CAPRICORNE

Degrés ténébreux :. **11, 12, 13, 14, 15.**
— lumineux :. **8, 9, 10 ; 16, 17, 18, 19.**
— masculins :. **1, 2, 3, 4, 5, 6, 7, 8, 9, 10, 11 ; 20, 21, 22, 23, 24, 25, 26, 27, 28, 29, 30.**
— féminins :.. **12, 13, 14, 15, 16, 17, 18, 19.**
— infernaux :. **2 ; 7 ; 17 ; 22 ; 24 ; 28.**
— honorifiques: **12, 13, 14 ; 20.**
— d'azemen :.. **27, 28, 29.**
— voilés :..... **1, 2, 3, 4, 5, 6, 7 ; 20, 21, 22 ; 26, 27, 28, 29, 30.**
— vides :..... **23, 24, 25.**

Exaltation : ♂

Terme de ♀ : 1, 2, 3, 4, 5, 6.
— ☿ : 7, 8, 9, 10, 11, 12.
— ♃ : 13, 14, 15, 16, 17, 18, 19.
— ♂ : 20, 21, 22, 23, 24, 25.
— ♄ : 26, 27, 28, 29, 30.

Face de ♃ : 1, 2, 3, 4, 5, 6, 7, 8, 9, 10.
— ♂ : 11, 12, 13, 14, 15, 16, 17, 18, 19, 20.
— ☉ : 21, 22, 23, 24, 25, 26, 27, 28, 29, 30.

Détriment : ☾

Chute : ♃ au 15.

§ 3. ÉTOILES FIXES DE LA CONSTELLATION DU CAPRICORNE SITUÉES DANS LE SIGNE DE MÊME NOM ÉTOILES FIXES D'AUTRES CONSTELLATIONS SITUÉES DANS LE SIGNE DU CAPRICORNE

La plus grande partie de la figure du Capricorne se rencontre dans le signe du Verseau : la tête et les cornes se trouvent seules dans le signe de même nom où elles occupent 3°, le reste du corps s'étend jusqu'à 20° du Verseau.

I. — *Etoiles fixes non comprises dans la constellation du Capricorne.*

o du Sagittaire	.....	♂
π —	.....	♂
ρ —	.....	♃ ☿
ω —	.....	♃ ♀
α —	.....	♃ ♄
β —	.....	♀ ♄

Véga	α de la Lyre	♀	☿
	η d'Antinoüs	♃	♂
Altaïr	α de l'Aigle	♃	♂
	β du Cygne	☿	♀

II. — *Etoiles de la constellation du Capricorne*

α du Capricorne	♀	♂
β —	♄	♀
ο —	♂	♀
π —	♂	♀
ρ —	♂	♀
ν —	♀	♂

§ 4. NATURE DES ÉTOILES FIXES DE LA CONSTELLATION OU DU SIGNE DU CAPRICORNE

Les étoiles de la constellation du *Capricorne* donnent à l'homme :

I. — Sur le plan moral :

1. *La constellation tout entière :*

L'amour de la discorde ;
Le goût de la restauration des ruines.

2. *La partie antérieure de la figure :*

La vocation pour l'armée de terre.

3. *La partie postérieure de la figure :*

La vocation pour l'armée de mer.

II. — Sur le plan physique :

Une taille médiocre ;
Des jambes faibles ;
Un corps débile et maigre ;
Une physionomie fine, mais énergique ;
Une chevelure abondante ;
Une voix moyenne ou faible.

Les étoiles des constellations suivantes font l'homme :

L'Aigle :

1. *La constellation tout entière :*
Voyageur ; manquant d'esprit de justice.
2. *L'étoile Altaïr en particulier :*
Rapace ; soldat ; courageux ; robuste ; aimant dépouiller ses adversaires et ses ennemis.

XII. — SIGNE DU VERSEAU

§ 1. NATURE INTRINSÈQUE

Le onzième signe du Zodiaque est celui du *Verseau ;* son abréviation symbolique est ♒.

Ce signe présente les particularités suivantes :

Position céleste :	Méridionale par rapport à l'équateur. Ascension oblique. Occidentale dans la Triplicité. Hivernale.
Nature élémentaire :	Aérienne ; sanguine. Chaude et humide ; douce. Masculine. Diurne ; fixe.
Symbolisme de la figure :	Raison, éloquence.
Dignité planétaire :	Domicile diurne de Saturne.
Triplicité :	D'Air, dont les Seigneurs sont : diurne, Saturne. nocturne, Mercure. diurne et nocturne, Jupiter.

Position zodiacale :	La main gauche de la figure atteint presque le dos du Capricorne, tandis que la droite s'avance jusqu'à la crinière de Pégase ; l'eau répandue parvient jusqu'au Poisson austral.
Correspondance humaine :	Jambes et cuisses.
Mois de l'année :	Janvier.

§ 2. NATURE DES DIFFÉRENTS DEGRÉS DU VERSEAU

Degrés ténébreux :.	10, 11, 12, 13.
— lumineux :.	5, 6, 7, 8, 9 ; 14, 15, 16, 17, 18, 19, 20 ; 26, 27, 28, 29, 30.
— masculins :.	1, 2, 3, 4, 5 ; 16, 17, 18, 19, 20, 21 ; 26, 27.
— féminins :..	6, 7, 8, 9, 10, 11, 12, 13, 14, 15 ; 22, 23, 24, 25 ; 28, 29, 30.
— infernaux :.	1 ; 12 ; 17 ; 22 ; 24.
— honorifiques :	7 ; 16, 17 ; 20.
— d'azemen : .	18, 19.
— vides :......	1, 2, 3, 4.
— voilés :.....	21, 22, 23, 24, 25.

Terme de ♄ : 1, 2, 3, 4, 5, 6.
— ☿ : 7, 8, 9, 10, 11, 12.
— ♀ : 13, 14, 15, 16, 17, 18, 19, 20.
— ♃ : 21, 22, 23, 24, 25.
— ♂ : 26, 27, 28, 29, 30.

Face de ♀ : 1, 2, 3, 4, 5, 6, 7, 8, 9, 10.
— ☿ : 11, 12, 13, 14, 15, 16, 17, 18, 19, 20.
— ☾ : 21, 22, 23, 24, 25, 26, 27, 28, 29, 30.

Détriment : ☉

§ 3. ÉTOILES FIXES DE LA CONSTELLATION DU VERSEAU SITUÉES DANS LE SIGNE DE MÊME NOM ÉTOILES FIXES D'AUTRES CONSTELLATIONS SITUÉES DANS LE SIGNE DU VERSEAU

La plus grande partie de la figure du Verseau occupe le signe de même nom : dans les Poissons on ne rencontre guère que sa main droite avec une partie de son urne et son pied droit.

I. — *Etoiles non comprises dans la constellation du Verseau :*

γ du Capricorne .... ♄ ♃
ψ — .... ☿
ω — .... ♂ ☿
δ — .... ♃ ♄

	γ	de la Flèche	♁
	ε	du Dauphin	♄ ♂
	β	—	♄ ♂
	α	—	♄ ♂
Fomalhaut	α	du Poisson austral	♄
	η	de la Grande Ourse	♀ ☿

II. — *Etoiles de la constellation du Verseau :*

β	du Verseau	♄ ☿
θ	—	♄ ♀
ν	—	♄ ♃
δ	—	♀ ♄

§ 4. NATURE DES ÉTOILES FIXES DE LA CONSTELLATION OU DU SIGNE DU VERSEAU

Les étoiles de la constellation du Verseau donnent à l'homme :

I. — Sur le plan moral :

La bonté ;
La justice et la fidélité ;
La raison ;
La chasteté ;
L'honnêteté ;
La compassion ;
Peu d'astuce ;
La facilité à tomber dans les pièges tendus ;
L'amour de la solitude.

II. — Sur le plan physique :

Une partie du corps plus longue que celle correspondante, comme une jambe plus grande que l'autre ;

Une juste proportion dans le reste ;

Une voix claire.

Les étoiles des constellations suivantes font l'homme :

Le Dauphin :

Très gai et jovial ; aimant la natation sur et sous l'eau ; épris de musique et de danse au son des instruments.

Le Poisson austral :

Aimant le commerce ; aimant la pêche.

XIII. — SIGNE DES POISSONS

§ 1. NATURE INTRINSÈQUE

Le dernier signe du Zodiaque est celui des *Poissons ;* son abréviation symbolique est ♓.

Ce signe présente les particularités suivantes :

Position céleste :	Méridionale par rapport à l'équateur. Ascension oblique. Septentrionale dans la Triplicité. Hivernale.
Nature élémentaire :	Aqueuse ; pituiteuse. Froide et humide ; insipide. Féminine ; nocturne. Ni fixe ni mobile, donc commune.
Symbolisme de la figure :	Déraison. Mutisme ; fertilité.
Effet :	Fécondité.
Dignité planétaire :	Domicile diurne de Jupiter.
Triplicité :	D'Eau, dont les Seigneurs sont : diurne, Vénus. nocturne, Mars. diurne et nocturne, Lune.

Position zodiacale :	Proche du Bélier ; mais la figure est double, composée de deux poissons attachés par un lacet; l'un d'eux est tourné vers le Nord et touche à l'aile de Pégase, l'autre atteint la crinière de la Baleine.

§ 2. NATURE DES DIFFÉRENTS DEGRÉS DES POISSONS

Degrés lumineux :.. 7, 8, 9, 10, 11, 12 ; 19, 20, 21, 22 ; 26, 27, 28.
— masculins :. 1, 2, 3, 4, 5, 6, 7, 8, 9, 10 ; 21, 22, 23 ; 29, 30.
— féminins :.. 11, 12, 13, 14, 15, 16, 17, 18, 19, 20 ; 24, 25, 26, 27, 28.
— infernaux :. 4 ; 9 ; 24 ; 27, 28.
— honorifiques: 13 ; 20 ; 27.
— voilés : ..... 1, 2, 3, 4, 5, 6 ; 13 ; 14, 15, 16, 17, 18 ; 29, 30.
— vides :...... 23, 24, 25.

Exaltation: ♀

Terme de ♀ : 1, 2, 3, 4, 5, 6, 7, 8.
— ♃ : 9, 10, 11, 12, 13, 14.
— ☿ : 15, 16, 17, 18, 19, 20.
— ♂ : 21, 22, 23, 24, 25, 26.
— ♄ : 27, 28, 29, 30.

Face de ♄ : 1, 2, 3, 4, 5, 6, 7, 8, 9, 10.
— ♃ : 11, 12, 13, 14, 15, 16, 17, 18, 19, 20.
— ♂ : 21, 22, 23, 24, 25, 26, 27, 28, 29, 30.

Détriment : ☿
Chute : ☿

§ 3. ÉTOILES FIXES DE LA CONSTELLATION DES POISSONS SITUÉES DANS LE SIGNE DE MÊME NOM ÉTOILES FIXES D'AUTRES CONSTELLATIONS SITUÉES DANS LE SIGNE DES POISSONS

La figure de la constellation comprend deux *poissons* attachés ensemble, de telle façon que l'un d'eux se trouve dans le signe de même nom et l'autre dans celui du Bélier. Ces deux poissons sont dans l'hémisphère boréal, mais le nœud de leur ruban est dans l'hémisphère austral près de la tête de la Baleine.

I. — *Etoiles fixes non comprises dans la constellation des Poissons.*

	γ du Verseau............................	♀ ♄
	ζ —	.....
	α du Cygne	♀ ☿
Markab	α de Pégase............................	♃ ☿
	β —	♃ ♂
	β de la Baleine............................	♄

II. — *Etoiles de la constellation des Poissons*

μ des Poissons	....	♄ ♃
β —	....	♂ ♀
γ —	....	♀ ♄
θ —	....	♀ ♃
κ —	....	♀ ♃
λ —	....	♄ ♀

§ 4. NATURE DES ÉTOILES FIXES DE LA CONSTELLATION OU DU SIGNE DES POISSONS

Les étoiles de la constellation des Poissons donnent à l'homme :

I. — Sur le plan moral :

L'esprit versatile ;
La mauvaise foi ;
La propension à la médisance ;
Le goût de la table ;
Le plaisir de colporter de droite et de gauche les méfaits d'autrui ;
L'amour des bons mots, des épigrammes et des satires ;
L'audace pour le mal ;
L'envie.

II. — **Sur le plan physique :**

Des yeux ronds ;
Un visage large ;
Un teint blanc ;
Plusieurs signes pigmentaires sur le corps ;
Une voix faible ou voilée ;
Une taille médiocre ;
Des membres mal proportionnés.

Les étoiles des constellations suivantes font l'homme :

Le Cygne :

1. *La constellation tout entière :*

Aimant la chasse des bêtes à plumes et l'élève du gibier ; ingénieux ; dresseur d'oiseaux, surtout de perroquets ; nomade ; vagabondant au hasard de ses caprices amoureux.

2. *L'étoile dite Queue de la Poule en particulier :*

Aimant les beaux-arts.

La Baleine :

(Voir le signe du Bélier).

Pégase :

(Voir le signe du Bélier).

LIVRE TROISIÈME

DISPOSITIONS ET NATURE DES PLANÈTES

I. — DES PLANETES EN GENERAL

Nous avons parlé, au Livre V du *Traité général* du Macrocosme, de la composition des planètes et de la raison de cette composition [1]. De même que tous les philosophes anciens, nous avons considéré le Soleil comme assis sur un trône au centre du système et gouvernant ce dernier à la façon d'un roi couronné d'un diadème fulgurant. Nous avons expliqué qu'il a donné aux autres corps planétaires une forme à son image et que ces corps ont été

[1] Ceci doit s'entendre : de la composition métaphysique des corps planétaires.

constitués par la fonte de la matière dense du ciel éthéré[1].

Nous avons dit que ce fait apportait la raison du Froid et de l'Humidité de la Lune. En effet, la partie dense de l'Ether qui, par suite de la présence du Soleil exalté au milieu, se trouve repoussée vers les limites inférieures de cet Ether et partant s'affine, rend la Lune plus froide, tantôt à cause de son éloignement de la Lampe Ethérée[2], tantôt à cause de son rapprochement du Ciel Elémentaire, puisque ce froid est augmenté par révolution. La Lune est humide à cause de son rapprochement de la sphère de l'Humide élémentaire dont, en effet, le Feu occupe le sommet.

Nous avons enseigné que Mercure participe des natures de la Lune et de Vénus, et Vénus de celles du Soleil et de Mercure. Nous avons signalé aussi que la cause du Froid et du Sec de Saturne réside dans la substance de son corps, laquelle se rapproche de celle de la sphère cristalline, et dans son éloignement du Soleil. Nous avons démontré que le corps de Jupiter est formé du Froid de Saturne et du Chaud du Soleil, que celui de Mars procède du tempérament de Saturne, de Jupiter et du So-

[1] C'est la théorie admise par la science moderne : les planètes formées par la condensation (Robert Fludd dit la *fonte*) de la matière cosmique des nébuleuses circulaires et devenues des masses sphéroïdes à cause du Soleil qui, par son attraction, les obligea à tourner autour de lui.
[2] Le Soleil.

leil et qu'il a par conséquent, deux parties de Chaud et deux parties de Sec, ces dernières provenant : une du Soleil et l'autre de Saturne. Enfin, nous avons fait ressortir, au Livre III du même traité, les raisons des natures bénéfiques ou maléfiques des planètes.

Il ne nous reste plus maintenant qu'à étudier ici les influx planétaires qui constituent les éléments des jugements astrologiques et qui doivent être étudiées avant tout :

Les planètes se divisent en :

1° *Bénéfiques* : Vénus,
Jupiter.

Ainsi nommées parce qu'elles ne nuisent jamais à personne, mais préservent au contraire du mal.

2° *Maléfiques* : Saturne,
Mars.

Ainsi nommées parce qu'elles n'apportent jamais de bien à personne, mais au contraire éloignent le bien éventuel.

3° *Médiocres* : Soleil,
Mercure,
Lune.

Ainsi nommées parce qu'elles sont en général bénéfiques avec les bénéfiques et maléfiques avec les maléfiques[1].

[1] La pratique démontrera que cette classification des planètes en bénéfiques, maléfiques et médiocres n'a rien d'absolu.

A ces planètes les astrologues ajoutent les nœuds ascendant et descendant de la Lune ; nous en parlerons plus loin[1].

II. — SATURNE

§ 1. NATURE INTRINSÈQUE

Saturne est de toutes les planètes la plus supérieure par sa position, mais non par son essence. Il participe du Froid, à cause de son éloignement du Soleil, et du Sec, à cause de son rapprochement de la Sphère Aqueuse ou Cristalline. Son abréviation symbolique est ♄.

Cette planète présente les particularités suivantes :

Nature élémentaire : froide et sèche ; diurne ; masculine ; analogue au plomb; orientale; amie de Mars ; ennemie du Soleil.

Mouvement : sa révolution sidérale se fait en trente ans.

Nature acquise : (Voir le paragraphe suivant).

Eléments physiques : sa densité est évaluée par plusieurs auteurs à 0,18604454 6/11.

[1] Les astrologues les appellent Tête et Queue du Dragon.

Action sublunaire générale : mauvaise et contraire à la vie des êtres surtout humains ; très malheureuse, car cette planète répand de grands malheurs sur les créatures ; mélancholique.

Les raisons de l'*orientalité* de Saturne seront exposées dans le 1° du paragraphe 3.

§ 2. NATURE ACQUISE

I. — *Nature acquise essentielle*

Nous avons déjà dit que la nature acquise d'une planète était celle qui provenait de l'association et du mélange de ses qualités et de sa nature essentielle avec une autre planète ou un signe du Zodiaque.

En effet, une planète, par suite de son aspect avec une autre, acquiert une nature qu'elle n'avait pas auparavant ; et l'aspect planétaire est, avec le signe zodiacal, le plus puissant facteur de la nature acquise. C'est là la cause des divers changements de nature qui se produisent lorsque la planète est en Exaltation, Domicile, Face, Triplicité, ou encore lorsqu'elle mélange ses qualités avec des qualités contraires, ce qui alors détermine en elle un certain affaiblissement.

La suite fera comprendre ce raisonnement.

La *Puissance* de Saturne est *essentielle*.

1° en Domicile	nocturne	♑
	diurne	♒
2° en Joie		♒
3° en Exaltation		21° ♎
4° en Triplicité	diurne	♊ ♎ ♒
	commune	♈ ♌ ♐
5° en Terme	♈ du 25° au 30°	
	♉ — 22° — 27°	
	♊ — 24° — 30°	
	♋ — 26° — 30°	
	♌ — 11° — 18°	
	♍ — 28° — 30°	
	♎ — 1° — 6°	
	♏ — 24° — 30°	
	♐ — 21° — 26°	
	♑ — 22° — 26°	
	♒ — 25° — 30°	
	♓ — 28° — 30°	
6° en Face	aux 10 premiers degrés.	♌ ♓
	aux 10 moyens —	♎
	aux 10 derniers —	♉ ♐

7° en Degrés Masculins de tous les signes.

Cette puissance est aussi accidentelle. (Voir plus loin).

Nous appelons *nature acquise essentielle* [1] celle avec laquelle on remarque qu'une planète opère

[1] Cette nature acquise essentielle comprend la *Puissance* (dont il a été parlé) et la *Débilité* (dont il est parlé plus loin).

en substance dans ce monde inférieur. Il faut considérer, en effet, le signe zodiacal comme un corps dont la planète est l'âme ; et de même que, quand l'âme est absente, le corps est mort ; de même, quand le signe ne possède pas une planète à laquelle il communique sa nature et qui tire de lui des dispositons principales, il peut être envisagé comme mort.

Du reste, habituellement, une planète n'agit pas plus sur le monde inférieur sans le secours du signe que l'âme ne se manifeste sans le truchement du corps. On comprend donc comment une planète en Domicile, Exaltation, Triplicité et autres lieux analogues a beaucoup plus d'action sur le monde inférieur.

Les Astrologues anciens donnent à la Puissance différents noms : *Dignité*, *Dénomination*, *Force*, *Témoignage*.

Lorsque nous avons étudié le signe du Bélier, nous avons dit que :

La planète dans son *Domicile* avait 5 dignités.
— dans son *Exaltation* — 4 —
— dans sa *Triplicité* — 3 —
— dans son *Terme* — 2 —
— dans sa *Face* — 1 —
— dans les *Degrés Masculins*[1] avait 1 Dignité.

[1] Si la planète est du genre masculin ; si elle est du genre féminin elle possède le même coefficient de dignité mais dans les Degrés Féminins.

Nous avons ajouté que Ptolémée appelait *Joie* le Domicile particulièrement familier d'une planète ; c'est pourquoi la Joie de Saturne est dans le signe du Verseau.

II. — *Puissance selon les Maisons astrologiques*

Les planètes possèdent des dignités moins essentielles selon les Maisons astrologiques où elles se trouvent.

Ainsi, une planète

en *Milieu du Ciel* ou *Maison X* a	5	dignités.
en *Ascendant* ou *Maison I*..............	5	—
en *Maison VII*	4	—
en *Maison IV*	4	—
en *Maison XI*	4	—
en *Maison II*	3	—
en *Maison V*	3	—

Règle : *Les planètes masculines sont puissantes dans les Degrés Masculins et faibles dans les Degrés Féminins ; inversement, les planètes féminines sont faibles dans les Degrés Masculins et puissantes dans les Degrés Féminins.*

III. — *Puissance accidentelle*

Saturne, de même que toute planète, a une Puissance accidentelle lorsqu'il se trouve :

1° Avec le Soleil.........	En cazimi (ou au cœur du Soleil)..	5 D.
	Hors de sa combustion	5
	Orientaux	3
2° Avec une planète quelconque	En sextil.............	3
	En trigone...........	3
	En quadrature (si la planète est bénéfique)	3
3° Sur l'écliptique.........	Ascendante..........	3
	Septentrionale......	3
4° Selon la révolution sidérale....................	Rapide	2
	Directe	2
	En seconde station.	1

5° Selon le mouvement diurne : si sa puissance augmente lorsque le mouvement diurne conduit la planète audessus de la terre...................... 2

6° Selon les points cardinaux : si la planète se trouve placée dans un point qui lui est dévolu ; par exemple, Saturne dans les points masculins............ 2

Une planète est en *Cazimi*, c'est-à-dire au cœur du Soleil, quand elle n'est pas à plus de 16 minutes de cet astre ; on dit alors qu'elle est unie au Soleil, qu'elle se trouve près de son cœur ; elle possède à ce moment une vertu et une puissance très grandes.

Quand une planète est à plus de 16 minutes du Soleil, mais qu'elle se trouve néanmoins noyée dans l'orbe et les rayons de l'astre, de manière qu'elle ne puisse être aperçue, on dit qu'elle est *combuste*. Cette sorte de combustion s'étend jusqu'à ce que la planète s'éloigne du Soleil de 12 degrés.

Donc, sauf le cas de cazimi, une planète qui ne se trouve pas à plus de 12 degrés du Soleil est dite combuste, ou encore *cachée*, *opprimée*.

Les planètes sont *orientales* quand elles se lèvent le matin avant le Soleil et le soir se couchent avant lui.

RÈGLE : *Les trois planètes supérieures : Saturne, Jupiter et Mars sont orientales par rapport au Soleil depuis leur conjonction jusqu'à leur opposition avec cet astre ; elles sont occidentales depuis leur opposition jusqu'à leur conjonction.*

Les deux planètes inférieures, Vénus et Mercure, sont orientales quand elles précèdent le Soleil le matin, c'est-à-dire quand elles se lèvent avant lui ; elles sont occidentales quand elles suivent, le soir, le Soleil, c'est-à-dire quand on les aperçoit après le coucher de cet astre.

La Lune est occidentale depuis la nouvelle lune jusqu'à la pleine lune parce qu'on la voit après le coucher du Soleil ; elle est orientale depuis la pleine lune jusqu'à la nouvelle lune parce qu'on la voit avant le lever du Soleil.

Ce qui se résume de la façon suivante :

Planètes supérieures :	♄ ♃ ♂	Orientales de ☌ à ☍ Occidentales de ☍ à ☌	avec ☉
Planètes inférieures :	♀ ☿	Orientales si elles précèdent ☉ le matin. Occidentales si elles se voient après coucher de ☉.	
Le deuxième luminaire :	☾	Oriental de ☍ à ☌ Occidental de ☌ à ☍	avec ☉

Règle : *L'orientalité chez les planètes supérieures augmente leur puissance ; il en est de même de l'occidentalité chez les planètes inférieures et la Lune (celle-ci est donc plus puissante quand sa lumière croît).*

On dit que deux planètes sont en aspect [1] lorsqu'elles se communiquent leurs qualités par les signes zodiacaux.

Il y a cinq aspects différents :

Deux d'amitié : *le Sextil* et *le Trigone*.

Deux d'inimitié : *la Quadrature* et *l'Opposition*.

[1] On dit aussi « se regardent ».

Un ambigu : *la Conjonction*. Cet aspect est bénéfique quand les planètes sont bonnes, maléfique quand elles sont mauvaises.

Le Sextil est un arc comprenant 1/6 du Zodiaque ou 60° ; son abréviation symbolique est ✳. Il est médiocrement bénéfique parce que les signes qui se regardent ainsi sont de sexe et de nature analogues.

Le Trigone est un arc comprenant 1/3 du Zodiaque ou 120°, soit 4 signes ; son abréviation symbolique est △. Il est bénéfique d'abord à cause de sa vertu propre et ensuite parce les trois signes reliés par un triangle équilatéral inscrit sont de nature analogue.

La Quadrature est un arc comprenant 1/4 du Zodiaque ou 90°, soit 3 signes ; son abréviation symbolique est □. Elles est médiocrement maléfique parce que les deux signes ainsi séparés sont de nature et de sexe différents.

L'Opposition est un arc comprenant 1/2 du Zodiaque ou 180°, soit 6 signes ; c'est l'aspect diamétral et contraire ; son abréviation symbolique est ☍. Elles est particulièrement maléfique, non pas à cause de l'animosité que les signes peuvent avoir entre eux, mais plutôt à cause de leur position opposée ; en effet, tous les signes sont opposés chacun à chacun, mais ils sont aussi chacun à chacun contraires en tout point.

La Conjonction est l'union de deux corps célestes au même degré ; son abréviation symbolique est ☌ . Elles est indifférente : bénéfique avec les planètes bénéfiques, maléfique avec les maléfiques.

Règle : *Les signes en Trigone et Sextil sont assez voisins et ne se trouvent pas en désaccord ; ils se conviennent plutôt parce que leurs natures et leurs sexes réciproques sont analogues.*

Les signes en Opposition sont très lointains et, bien que leurs natures et leurs sexes réciproques se conviennent, ils sont en désaccord à cause de leur éloignement.

Ainsi, le Bélier et la Balance sont tous deux masculins et diurnes, ainsi le Taureau et le Scorpion sont tous deux féminins et nocturnes, et cependant, parce qu'ils se trouvent en Opposition, leur désaccord est considérable.

Règle : *Les signes en Opposition qui, par la nature et le sexe se conviennent manifestement, sont principalement ennemis plus que s'ils se trouvaient en Quadrature.*

Règle : *L'aspect le plus efficace est la Conjonction. Viennent ensuite l'Opposition, puis la Quadrature, le Trigone et le Sextil.*

Tous les aspects, sauf l'Opposition et la Conjonction, se classent en :

1° *dextres*, ceux qui, à compter du signe pris pour origine de tous, sont rétrogrades, c'est-à-dire dans le sens contraire à l'ordre des signes.

2° *senestres*, ceux qui sont dans le sens direct, c'est-à-dire selon l'ordre des signes.

Ainsi, le Sextil dextre du Bélier est le Verseau et le Sextil senestre du même signe, les Gémeaux.

RÈGLE : *Si l'aspect dextre tombe à un angle du ciel*[1], *cet aspect dextre sera plus efficace qu'un senestre, car les points célestes n'ont pas de mouvement propre et ne se déplacent qu'avec le ciel tout entier. Si, au contraire, les aspects intéressent des planètes, les senestres sont préférables aux dextres parce que les astres sont animés d'un mouvement propre et indépendant.*

RÈGLE : *Les aspects se classent encore en élémentaires et particuliers. Il y a aspect élémentaire lorsque l'amplitude de l'arc entre deux points est telle qu'elle comprend approximativement le nombre de degrés voulus ; il y a aspect particulier lorsque le même arc comprend exactement le nombre de degrés voulus. Cette distinction provient de ce que le rayon d'influence d'un astre s'étend autour du point qu'il affecte d'un regard*[2].

[1] Les angles du ciel sont l'Ascendant ou Orient, l'Occident le Milieu et le Fond du Ciel, c'est-à-dire les quatre points de jonction sur l'écliptique de deux droites : 1° le diamètre du cercle horizontal du lieu ; 2° une génératrice du plan méridien élevée de ce lieu sur l'écliptique vers le Zénith et le Nadir (l'Azimuth prolongé du point d'intersection de l'écliptique avec le méridien).

[2] *L'orbe* est cette zone d'influence d'un astre. Dans la pratique on prend la moyenne des orbes entre deux astres en aspect. Si leurs regards tombent dans la zone ainsi tracée on dit qu'il y a aspect approximatif. *Ex.* : Mars et la Lune

Ainsi, le Soleil se trouvant à 15° du Cancer, sa Quadrature senestre particulière sera à 15° de la Balance et sa Quadrature dextre élémentaire dans le Bélier.

Règle : *Il y a aspect par application entre des planètes qui se regardent au moyen du demi-diamètre de leurs orbes, lorsqu'une planète ne s'éloigne pas du lieu frappé par le regard à plus de six degrés ou de la moitié de l'orbe de l'autre planète.*

Les orbes des planètes varient : ils sont plus ou moins grands.

L'orbe de	Saturne	est de	9°.
—	Jupiter	—	9°.
—	Mars	—	8°.
—	Soleil	—	15°.
—	Vénus	—	7°.
—	Mercure	—	7°.
—	Lune	—	12°.

Il y a séparation entre deux planètes dès que l'une d'entre elles s'écarte d'un degré de la zone d'influence,et elle demeure ainsi séparée tant qu'elle échappe à l'aspect de l'autre planète.

sont en aspect quadrat ; l'orbe du premier est de 8° et celui de la seconde 12° dont la moyenne est 10°, si la quadrature tombe à moins de 10° en avant ou en arrière de chacune de ces deux planètes, il y a aspect approximatif ; il y aurait *application* si elle tombait à moins de 6° ou de 4° $\left(\frac{8}{2}\right)$ de la Lune seule (voir plus loin).

RÈGLE : *Ce sont les planètes inférieures qui s'appliquent ou se séparent des supérieures ; celles-ci ne s'appliquent ni ne se séparent jamais des inférieures, parce qu'elles possèdent un mouvement plus lent et plus lourd*[1].

On dit qu'une planète *monte* ou qu'elle est *septentrionale* quand sa longitude se trouve sur la partie de l'écliptique comprise dans l'hémisphère nord[2]; on dit qu'elle *descend* ou qu'elle est *méridionale* quand sa longitude se trouve sur la partie de l'écliptique comprise dans l'hémisphère sud[3].

Une planète est *directe* lorsque dans son mouvement de révolution synodique[4] elle suit l'ordre normal des signes ; elle est *rétrograde* lorsqu'elle

[1] On doit donc distinguer — outre les aspects du Soleil avec les planètes dont il a été parlé plus haut — 1° les aspects entre planètes supérieures; 2° entre inférieures; 3° entre une supérieure et une inférieure; dans les deux premiers cas, les aspects sont ou *élémentaires* (exacts) ou *particuliers* (approximatifs), à moins qu'il n'y ait séparation, dans le troisième il faut considérer uniquement la planète inférieure, laquelle peut être avec la supérieure soit en aspect *élémentaire* (exact), soit en *application* (si son regard tombe à moins de 6° ou de la moitié de l'orbe de la supérieure sur celle-ci), soit en *séparation*. La Lune doit être envisagée comme inférieure.

[2] C.-à-d. depuis le Bélier jusqu'à la Balance, soit de long. 0° à 180°.

[3] C.-à-d. depuis la Balance jusqu'au dernier degré des Poissons, soit de long. 180° à 360°.

[4] La révolution synodique d'une planète se définit astroniquement : l'intervalle compris entre deux conjonctions ou oppositions de cette planète avec le Soleil. C'est la façon dont elle nous paraît tourner autour du Soleil; on en déduit par le calcul la marche réelle de gravitation.

suit l'ordre inverse ; elle est *stationnaire* lorsque son mouvement s'arrête, ce qui a lieu : 1° avant sa rétrogradation ; 2° avant sa progression. Il faut remarquer d'ailleurs que dans ces deux stations, les planètes ne s'arrètent pas en réalité, mais donnent seulement l'apparence d'être immobiles. Il faut noter aussi que le Soleil ne rétrograde jamais, n'accomplissant pas de révolution synodique et que la Lune est sujette à une rétrogradation inappréciable parce que son mouvement est trop rapide[1] : on se contente de distinguer la *Lune lente* depuis le premier quartier jusqu'au dernier en passant par l'opposition et la *Lune rapide* depuis le dernier quartier jusqu'au premier en passant par la conjonction.

Il faut donc ne pas oublier que le Soleil et la Lune sont des planètes directes[2].

Le point où un astre se trouve le plus éloigné de la Terre se nomme l'*Apogée*, et celui où il se trouve le plus rapproché le *Périgée*. L'apogée du Soleil est dans le Cancer et son périgée dans le Capricorne.

On dit que le mouvement d'une planète est *rapide* quand il s'effectue selon l'ordre des signes et

[1] La Lune est l'astre dont le mouvement est le plus compliqué.

[2] Il ne faut pas oublier non plus que le mot planète (πλανήτης) signifie essentiellement astre mobile par opposition à astre fixe et que son acception de *satellite obscur d'une étoile* est toute moderne.

avec une accélération plus grande que la vitesse moyenne de cette planète ; on dit qu'il est *lent* quand il s'effectue contre l'ordre des signes et avec moins d'accélération que la vitesse moyenne ; on dit qu'il est *égal* quand il s'effectue avec la même accélération que la vitesse moyenne.

RÈGLE : *La puissance des planètes diurnes est augmentée lorsque ces dernières se trouvent au-dessus de l'horizon pendant le jour, — on dit alors qu'elles sont dans leur Haym. La puissance est, par contre, diminuée quand les planètes sont pendant le jour situées sous l'horizon.*

De même la puissance des planètes nocturnes est augmentée lorsque ces dernières se trouvent sous l'horizon pendant le jour et elle est diminuée dans le cas contraire.

RÈGLE : *Il faut remarquer que deux des points cardinaux sont considérés comme masculins : l'Est et le Nord, et deux comme féminins : l'Ouest et le Sud ; par conséquent, les astres masculins seront plus puissants dans les parties masculines et plus faibles dans les parties féminines, les astres féminins seront plus puissants dans les parties féminines et plus faibles dans les parties masculines.*

IV. — *Débilités essentielles des Planètes*

On appelle *Débilité* un lieu céleste où la puissance d'une planète se trouve diminuée et affaiblie. De même que dans la Puissance la vertu d'une planète augmente, de même aussi dans la Débilité cette vertu décroît.

Les Débilités sont accidentelles ou essentielles. Ces dernières sont constituées par des degrés du Zodiaque ou des Maisons astrologiques.

Les Débilités essentielles de Saturne sont[1] :

1° Dans le Zodiaque :

I. Principalement :

Sa Chute au 21° du Bélier.............. 4
Son Détriment au Cancer et au Lion. 2

II. Secondairement :

Sa Pérégrinité.............................. 5
Son Retard ou Villégiature............ 3
Son Exemption.............................. 2
Sa position dans les Degrés Féminins des signes.............................. 3

[1] Ces Débilités essentielles sont aussi celles de toutes les planètes, les signes où elles tombent varient seulement. Les chiffres arabes placés à droite indiquent le coefficient de chaque débilité.

2° Dans les Maisons astrologiques[1] :

En Maison XII.............................. 3
En Maison VIII.............................. 4
En Maison VI.............................. 4

La *Chute* d'une planète est le lieu directement opposé à son Exaltation. Or, comme l'Exaltation de Saturne est au 21° de la Balance, sa Chute se trouve au 21° du Bélier. La Chute d'une planète est appelée aussi sa *Mort* et son *Humiliation* de façon analogue à l'Exaltation qui est nommée sa *Vie*. Ce qui fait que la Mort de Saturne est le Bélier et sa Vie la Balance.

Le Détriment d'une planète se rencontre dans le signe opposé à son Domicile. Ainsi, le Détriment du Soleil est à l'opposé du Lion, soit au Verseau ; celui de la Lune au Capricorne ; celui de Saturne au Cancer, etc. Cette Débilité est appelée aussi Exil, parce que les planètes s'y trouvent comme exilées.

Une planète est *Pérégrine* [1] lorsqu'elle est placée dans un lieu où elle ne possède aucune Dignité

[1] Toutes les planètes sont en Débilité essentielles dans ces Maisons-là.

[1] J'ai traduit le mot *peregrinitas* par *pérégrinité*, qui est un terme de jurisprudence, et me paraît exprimer fort bien l'idée que se faisaient les anciens d'une planète hors de son domicile, non exilée, mais voyageant en pays étranger. Pélerinage ou pérégrination ne rendraient pas, je crois, aussi exactement le symbole. Car il ne faut pas oublier que l'auteur donne ici des *clefs*.

essentielle, c'est-à-dire quand elle est hors de toutes ses Dignités.

Une planète est en *Retard* lorsqu'elle est dans un signe que nulle autre ne regarde ; on dit alors également qu'elle est en Villégiature[1].

Il y a *Exemption* pour une planète quand elle est séparée d'une autre et ne s'applique à aucune, même si elle se trouve dans le même signe qu'une de ses congénères ; elle est, en effet, exempte d'aspects étrangers et les siens ne frappent aucune planète[2].

Les Degrés Masculins et Féminins ont été expliqués déjà.

V. — *Débilités accidentelles des Planètes*

Saturne est débile accidentellement[3] :

1° Sous l'horizon pendant le jour.................. 2

2° Lent 2

3° Conjoint au Nœud Descendant de la Lune... 2

[1] *Agrestis*, c.-à-d. qui est aux champs (où elle s'attarde). Il convient de remarquer que si on tient compte des aspects *dodectils* et *quintils*, les signes sont alors regardés par toutes les planètes ; mais comme les anciens négligeaient ces derniers aspects, parce que beaucoup plus faibles que les autres, un signe sans regard d'aucune planète sera celui sur lequel ne tombent que des aspects dodectils et quintils.

[2] La planète est alors en *vacuitas cursûs*, dit le texte, soit en insignifiance de mouvement.

[3] Les chiffres arabes à droite indiquent le coefficient de chaque Débilité.

4° Séparé d'avec une planète maléfique et appliqué à une autre maléfique [1]............ 2
5° Dans la Voie Brûlée........................... 3
5° En Quadrature, Opposition ou Conjonction avec le Soleil.......................... 3
7° Quand il descend et qu'il est Méridional... 3
8° Combuste 5
9° Rétrograde 4
10° Occidental 2
11° Dans la première Station [2]...................... 1
12° Traversant l'orbe du Soleil.................... 4

Saturne est infortuné [3] *sous l'horizon* pendant le jour pour les raisons que nous avons déjà exposées.

Le mouvement *lent* a été également expliqué.

La conjonction du Nœud Descendant de la Lune est mauvaise pour Saturne à cause de ses dispositions maléfiques (voir page 192).

On appelle la *Voie Brulée* [4] la partie du Zodiaque comprise depuis 13° de la Balance jusqu'à 9° du Scorpion ; les planètes, en traversant cette région, sont dites infortunées.

[1] Il ne s'agit pas ici évidemment d'une planète dite maléfique car, outre Saturne, Mars seul est ainsi qualifié, mais d'une planète dont la signification est momentanément maléfique.

[2] Donc avant la Rétrogradation (cf p. 128).

[3] On dit indifféremment *infortuné* ou *débile*.

[4] *Via Combusta.*

Pour le reste : Aspects, Descentes, Combustion, Rétrogradation, Occidentalité, Orbe du Soleil (voir plus haut).

A noter, toutefois, que Saturne occidental est Froid et Sec.

§ 3. INFLUX GÉNÉRAUX

I. — *Effet sur le Macrocosme*

Saturne dans le Macrocosme gouverne :

Parmi les points cardinaux : *l'Orient*.
— les climats : .... *le premier*.
— les météores : .... *la neige*, *la grêle*, *la tempête*.
— les Eléments : .... *la Terre*.
— les métaux : .... *le plomb*.

Selon Ptolémée, une planète a été attribuée à chacun des points cardinaux.

Saturne — gouverne *l'Orient*, bien que ce soit une région chaude, mais Saturne, par son Froid, paraît en tempérer le Chaud.

Jupiter — gouverne *le Nord* d'où il déchaine les vents favorables.

Mars — gouverne *l'Occident* et *le Nord*[1] d'où suscite les vents parce que sa nature est très analogue au Soleil et que son Domicile est en Trigone avec cet astre.

[1] Il semble qu'il y ait là une sorte de confusion. On peut néanmoins penser que Mars commande à l'Occident, mais aussi aux vents défavorables du Nord.

Vénus { gouverne *le Sud* parce qu'elle est Humide.

RÈGLE : ***Ptolémée excepte de cette distribution les deux luminaires, parce que leurs influx sont les causes générales des vents et des changements de température ; il écarte également Mercure comme accompagnant toujours le Soleil et ne s'éloignant jamais considérablement de cet astre.***

Certains auteurs, néanmoins, attribuent des points cardinaux aux luminaires et distribuent alors ainsi les astres :

Saturne et *le Soleil* commandent à *l'Est*.
Vénus commande au *Sud*.
Mars et *la Lune* commandent à *l'Ouest*.
Jupiter commande au *Nord*.
Mercure est indifférent et sans commandement : il prend la nature de la planète qui lui est conjointe.

On a également choisi et désigné une planète déterminée comme gouverneur pour quelques climats du monde. Ainsi :

Saturne régit	une zone	à la hauteur	de Méroë et de l'Arabie
Jupiter	—	—	de Syène, en Egypte
Mars	—	—	d'Alexandrie et de la Palestine
Le Soleil	—	—	de Rhodes et de la Grèce
Vénus	—	—	de la Roumanie, l'Italie, la Savoie
Mercure	—	—	du Borysthène et de la Gaule
La Lune	—	—	de l'Allemagne (1)

1 L'auteur donne ces correspondances géographiques d'un air dubitatif et nullement en son nom personnel. Rien

Le dernier jour de la semaine a été attribué à Saturne parce que cette planète en régit la première heure, comme Jupiter en gouverne la seconde, Mars la troisième, le Soleil la quatrième, etc., selon la table (voir page 139).

RÈGLE : *Les heures dont il est ici question se comptent à partir du lever du Soleil. C'est à ce moment la première heure, et la treizième commence après le coucher du Soleil. Donc, plus le jour est court, moins chaque heure est grande ; et il en est de même pour la nuit.*

Ces heures sont appelées temporaires, inégales ou planétaires, parce qu'elles suivent les différences de durée du jour qui, selon les époques de l'année, est plus ou moins long. Elles se trouvent donc avoir pareillement plus ou moins grande durée. Elles ne sont égales que lorsque la nuit et le jour sont égaux, c'est-à-dire aux équinoxes. Mais dès que le jour est plus long que la nuit, les heures diurnes sont plus grandes que les heures nocturnes, et *vice versa.*

RÈGLE : *Il faut tenir compte de ce que chaque journée de 24 heures est divisée en quatre parties, à chacune desquelles un des quatre tempéraments physiques de l'homme est particulièrement affecté.*

n'est moins controversé, en effet, que les rapports des astres et des lieux terrestres. Aucune méthode jusqu'ici ne semble probante. L'auteur nous a du reste averti au début de ce traité qu'il ne révélerait pas les clefs de l'Astrologie sociale (voir page).

La première partie comprend les trois heures inégales avant le lever du Soleil et les trois premières après ce même lever ; *le tempérament sanguin* y domine.

La seconde partie comprend depuis la troisième heure diurne jusqu'à la neuvième également diurne ; *le tempérament cholérique* y domine.

La troisième partie comprend les trois dernières heures du jour et les trois premières après le coucher du Soleil ; *le tempérament mélancholique y* domine.

La quatrième partie comprend depuis la troisième heure nocturne jusqu'à la neuvième également nocturne ; *le tempérament phlegmatique* y domine[1].

La planète qui commande à la première heure diurne donne son nom à la journée entière ; une planète peut donc se trouver à la fois dans son jour et dans son heure, elle possède en ce cas une vertu doublée.

[1] La théorie des tempéraments de Galien n'étant plus admise, voici ce qu'il faut entendre par ces expressions archaïques :

Tempérament sanguin : celui dans lequel il y a équilibre entre les systèmes sanguin et lymphatique et qui a pour attribut un visage coloré, des formes prononcées sans être dures, un ensemble de santé et de belle humeur.

Tempérament cholérique ou bilieux (de χολή, bile) : celui dans lequel le système sanguin prédomine sur le lymphatique et qui a pour caractère une coloration extérieure foncée, des formes peu arrondies et rudes, des

TABLE DES HEURES PLANETAIRES

	HEURES	DIMANCHE	LUNDI	MARDI	MERCREDI	JEUDI	VENDREDI	SAMEDI
Heures de jour	1re	Soleil	Lune	Mars	Mercure	Jupiter	Vénus	Saturne
	2e	Venus	Saturne	Soleil	Lune	Mars	Mercure	Jupiter
	3e	Mercure	Jupiter	Vénus	Saturne	Soleil	Lune	Mars
	4e	Lune	Mars	Mercure	Jupiter	Vénus	Saturne	Soleil
	5e	Saturne	Soleil	Lune	Mars	Mercure	Jupiter	Vénus
	6e	Jupiter	Vénus	Saturne	Soleil	Lune	Mars	Mercure
	7e	Mars	Mercure	Jupiter	Vénus	Saturne	Soleil	Lune
	8e	Soleil	Lune	Mars	Mercure	Jupiter	Vénus	Saturne
	9e	Vénus	Saturne	Soleil	Lune	Mars	Mercure	Jupiter
	10e	Mercure	Jupiter	Vénus	Saturne	Soleil	Lune	Mars
	11e	Lune	Mars	Mercure	Jupiter	Vénus	Saturne	Soleil
	12e	Saturne	Soleil	Lune	Mars	Mercure	Jupiter	Vénus
Heures de nuit	1re	Jupiter	Vénus	Saturne	Soleil	Lune	Mars	Mercure
	2e	Mars	Mercure	Jupiter	Vénus	Saturne	Soleil	Lune
	3e	Soleil	Lune	Mars	Mercure	Jupiter	Vénus	Saturne
	4e	Vénus	Saturne	Soleil	Lune	Mars	Mercure	Jupiter
	5e	Mercure	Jupiter	Vénus	Saturne	Soleil	Lune	Mars
	6e	Lune	Mars	Mercure	Jupiter	Vénus	Saturne	Soleil
	7e	Saturne	Soleil	Lune	Mars	Mercure	Jupiter	Vénus
	8e	Jupiter	Vénus	Saturne	Soleil	Lune	Mars	Mercure
	9e	Mars	Mercure	Jupiter	Vénus	Saturne	Soleil	Lune
	10e	Soleil	Lune	Mars	Mercure	Jupiter	Vénus	Saturne
	11e	Vénus	Saturne	Soleil	Lune	Mars	Mercure	Jupiter
	12e	Mercure	Jupiter	Vénus	Saturne	Soleil	Lune	Mars

II. — *Effet sur le Microcosme*

Saturne fait l'homme :

I. — Sur le plan moral,

1. *Quand il est puissant et bien placé :*

Respecté ;

D'un esprit profond, enclin à l'étude des choses difficiles ;

Grave et un peu austère, produisant des œuvres sérieuses et travaillées ;

Laborieux et patient ;

Taciturne et solitaire ;

Gagnant de l'argent et l'économisant ;

Aimant particulièrement ses aises ;

Désireux dans une certaine mesure du bien d'autrui ;

Jaloux.

muscles prononcés, une charpente forte, le corps agile, une grande vivacité d'esprit.

Tempérament mélancholique (de μελαν χολη, bile noire) : considéré comme le contraire du tempérament sanguin, celui dans lequel l'équilibre est rompu entre les systèmes sanguin et lymphatique et dans lequel prédomine le système hépatique : il a pour attribut un visage d'une pâleur foncée, des formes dures, un ensemble de santé altérée et de mauvaise humeur.

Tempérament phlegmatique ou lymphatique (de φλεγμα phlegme) : considéré comme le contraire du tempérament cholérique, celui dans lequel domine le système lymphatique et qui se caractérise par un visage extrêmement pâle des formes molles, un corps débilité, peu de vigueur physique et morale.

2. *Quand il est débile et infortuné :*

Méprisable et miséreux ;
D'un esprit bas ;
Morose ;
Négligé ;
Timide ;
Recherchant la solitude ;
Triste ;
Méchant ;
Entêté ;
Soupçonneux ;
Envieux ;
Détracteur ;
Superstitieux ;
Mal élevé ;
Voué à la médiocrité ;
Insatiablement avide du bien d'autrui.

II. — Sur le plan physique,

1. *Quand il est oriental :*

Froid et humide ;
D'un visage allongé ;
D'un teint jaune, tirant sur le noir ;
D'une corpulence moyenne ;
D'une stature moyenne mais plutôt petite ;
De cheveux noirs, rudes et nombreux ;
D'une force ordinaire ;

Avec des yeux moyens et bruns ;
Velu sur la poitrine ;
Bien proportionné de corps.

2. *Quand il est occidental :*

Sec ;
De teint noir et basané ;
Petit de taille ;
Maigre ;
Avec une barbe rare ;
De cheveux noirs, plats, rares et tendant à la calvitie ;
Hypocondriaque et triste, ce qui est un des plus mauvais effets de Saturne ;
Avec des yeux assez grands et tirant sur le noir ;
Ne riant jamais ou très peu ;
Sale dans ses vêtements ;
Aveugle ou ayant une taie sur l'œil ;
Avec les pieds en dedans ;
D'allure bestiale.

RÈGLE : *Il faut remarquer que plus Saturne se trouve dans le ciel en une position mauvaise, plus on peut arguer de l'importance des difformités et des malheurs d'un sujet, mais que plus il est fortuné et puissant, recevant de bons aspects et regardant principalement des planètes bénéfiques, plus on doit présumer de la bonne harmonie des dispositions, des mœurs et de la constitution d'un individu.*

Parmi les humeurs, Saturne commande à la *Mélancholie*[1].

Les *acides* et les *astringents* lui sont également dévolus.

Dans le corps humain il gouverne :

L'oreille gauche ;
La rate ;
La vessie ;
Les os ;
Les dents.

Il agit naturellement sur les fonctions de rétention et les aide puissamment.

Il apporte les maladies des organes cités et, en général, toutes celles causées par le Froid et le Sec.

Il occasionne en particulier :

La lèpre ;
L'éléphantiasis ;
Le cancer ;
La goutte ;
La paralysie ;
Le tabès ou consomption ;
La phtisie ;
L'ictère noir ;
La fièvre quarte ;
L'iléus ;
L'hydropisie ;
Les catarrhes malins ;
La morphée ;
La diarrhée.

[1] La Mélancholie, c'est la bile noire.

Dans la vie humaine il commande à *la vieillesse.*

Dans la vie sociale il fait :

Les agriculteurs ;
Les mineurs ;
Les tailleurs de pierre ;
Les corroyeurs ;
Les potiers, etc.

III. — JUPITER

§ 1. NATURE INTRINSÈQUE

Jupiter est constitué en parties inégales du Froid et du Chaud.

Il en résulte qu'il est Humide, puisque l'Humide provient de l'action du Chaud sur le Froid (voir pour explication le premier traité du Macrocosme) ; mais que possédant deux équivalents de Chaud — un du Soleil et l'autre de Mars — contre un seul de Froid — de Saturne — on doit le considérer comme *Chaud et Humide.*

Son abréviation symbolique est ♃ .

Cette planète présente les particularités suivantes :

Nature élémentaire : chaude et humide ; diurne ; masculine ; septentrionale ; amie de la Lune ; ennemie de Mars ; équitable (aussi l'appelle-t-on le juge des astres)[1].

[1] Le texte dit : *Judex astrorum propter suam æquitatem.* Le mot *æquitas* signite à la fois équité, égalité, harmonie.

Mouvement : sa révolution sidérale se fait en douze ans.

Nature acquise : voir les paragraphes 2 et 3 suivants.

Eléments physiques : sa densité est évaluée par plusieurs auteurs à 0,1899654,6/11.

Action sublunaire générale : favorable à la vie des êtres surtout humains ; ami de toutes les créatures ; particulièrement bénéfique et ainsi qualifié parce qu'il apporte dans le monde inférieur beaucoup de félicité : c'est l'astre béni qui prodigue toujours le bien.

Jupiter est appelé septentrional pour les raisons qui ont été déjà exposées (voir page 135).

§ 2. NATURE ACQUISE

La nature acquise des planètes a été définie dans le chapitre précédent.

I. — *Nature acquise essentielle*

La *Puissance* de Jupiter est *essentielle :*

1° en Domicile	diurne	....	♐
	nocturne	....	♓
2° en Joie		....	♐
3° en Exaltation		.... 15°	♋

L'auteur considère Jupiter comme une planète d'une si belle nature que l'on pourrait le proposer comme arbitre des astres. C'est une phrase symbolique destinée à mettre le lecteur sur la voie des clefs astrologiques.

4° en Triplicité { diurne .... ♈ ♌ ♐
commune .... ♊ ♎ ♒

5° en Terme
♈ du 0° au 6°
♉ — 14° — 22°
♊ — 6° — 12°
♋ — 19° — 26°
♌ — 0° — 6°
♍ — 17° — 21°
♎ — 14° — 21°
♏ — 19° — 24°
♐ — 0° — 12°
♑ — 7° — 14°
♒ — 13° — 20°
♓ — 12° — 16°

6° en Face { aux 10 premiers degrés. ♊ ♑
aux 10 moyens — ♌ ♓
aux 10 derniers — ♎

7° en degrés masculins de tous les signes.

II. — *Puissance dans les Maisons Astrologiques* (Voir page 120).

III. — *Puissance accidentelle*

(Voir page 121).

IV. — *Débilités essentielles*

La *Chute* de Jupiter se trouve au 15° du Capricorne, elle possède un coefficient 4 de débilité ; Il faut se rappeler que l'Exaltation, ou Vie de Jupiter, est au 15° du Cancer, donc sa Mort se rencontre au 15° du Capricorne, pour les mêmes raisons exposées plus haut (page 131).

Les autres Débilités essentielles de Jupiter sont les mêmes que celles de Saturne ; nous les avons exposées en parlant de cette planète.

V. — *Débilités accidentelles*

(Voir page 133).

§ 3. INFLUX GÉNÉRAUX

I. — *Effet sur le Macrocosme*

Jupiter, dans le Macrocosme, gouverne :

Parmi les points cardinaux : *le Septentrion.*
— les climats : *le second* (aussi les régions comprises sous ce climat sont-elles tempérées).
— les météores : *les vents favorables.*
— les Eléments : *l'Air.*
— les métaux : *l'étain.*
— les jours : *le jeudi.*

Les raisons de ces correspondances ont été précédemment données (voir page 135).

II. — *Effet sur le Microcosme*

Jupiter fait l'homme :

I. — Sur le plan moral :

1. *Quand il est puissant et bien placé*

Heureux ;
Juste et honnête ;
Illustre ;
Bon et serviable ;
Religieux, vénérable.
Aimable.
Attirant par la parole ;
Magnanime et préoccupé de problèmes difficiles ;
Magnifique ;
Grave avec une certaine retenue ;
Prudent, ayant de l'amour-propre.

2. *Quand il est débile et infortuné*

Ayant les vertus susdites, mais moins brillantes et plus faibles ;
Négligé ;
Prodigue ;

Superstitieux ;
Timide ;
Orgueilleux, dans une certaine mesure.

II. — Sur le plan physique :

1. *Quand il est oriental*

a) *En général, par lui-même :*

Chaud et humide, mais plutôt humide ;
D'un teint blanc, clair, mais un peu jaune ;
Avec des cheveux rares, beaux, plats et longs ;
Avec de beaux yeux, grands, tirant sur le noir, mais dont les pupilles sont petites ;
D'une allure noble ;
D'embonpoint, force et stature moyens mais légèrement distingué ;
Avec les paupières hautes et relevées ;
Avec un signe sur le pied droit ; stigmate qui manque rarement ;
Avec une barbe harmonieuse, épaisse et tirant sur le roux ;
Avec un menton divisé en deux.

b) *En particulier, avec le concours des planètes suivantes :*

Mars : { Aux grands yeux un peu injectés de sang.

Soleil :	D'une stature agréable ; D'une chevlure rappelant la toison des fauves ; Avec des yeux légèrement couleur de safran.
Vénus :	D'un teint foncé ; D'une belle stature ; D'une physionomie régulière ; Avec des yeux vagues.
Mercure :	D'un teint bien jupiterien ; D'un visage un peu penché et allongé ; Avec des yeux presque noirs ; Avec une barbe noire et rare ; Débile et maigre de corps ; De stature moyenne ; Avec des lèvres minces.
Lune :	D'un visage régulier, blanc avec quelque rougeur ; Avec des yeux bruns, mais dont un des deux est plus grand ; D'une taille moyenne.

2. *Quand il est occidental*

D'un teint blanc, mais un peu foncé ;

D'une chevelure très éparse ;

Avec une calvitie commençant aux tempes et envahissant une partie de la tête ;

D'une stature moyenne, mais plutôt haute ;

D'un tempérament très humide ;

Avec un signe sur le pied gauche.

Règle : *Lorsque Jupiter se trouve empêché, il produit des effets contraires à ceux énoncés.*

Règle : *Plus une planète est infortunée, plus est désavantageuse la conformation d'un sujet*[1].

Parmi les humeurs, Jupiter commande au sang ; le tempérament *sanguin* lui est donc dévolu.

Dans le corps humain, il gouverne :

Les poumons ;
Les côtes ;
Les cartilages ;
Le foie ;
Les artères ;
Le pouls ;
Les veines ;
Les parties génitales ;
La semence.

Il agit naturellement sur les fonctions de digestion, de nutrition et d'absorption, qui demandent une chaleur tempérée et de l'humidité.

[1] Ces deux règles sont générales, elles s'appliquent à toutes les planètes.

Il apporte les maladies des organes cités et, en général, toutes celles causées par la respiration et le sang, soit :

L'angine ;
La pleurésie ;
La péripneumonie ;
L'apoplexie ;
Le spasme ;
La céphalalgie ;
Les douleurs d'estomac.
Les convulsions.

Dans la vie humaine, il commande à la *puberté*.

Dans la vie sociale, il fait :

Les marchands de tissus ;
Les scribes ;
Les orfèvres et les travailleurs d'or ;
Les gouverneurs ;
Les prélats ;
Les jurisconsultes ;
Les juges ;
Les avocats ;
Les préfets de provinces ou de villes.

IV. — MARS

§ 1. NATURE INTRINSÈQUE

Mars est une planète composée du Feu naturel du Soleil et du Chaud moins naturel obtenu par réaction du Ciel Aqueux et de la partie dense de l'Ether, dans la plus haute région du Ciel Moyen ; cette réaction est occasionnée par suite de la présence du Soleil et par le choc du corps de cet astre, de la même façon que l'Elément appelé Feu est né du choc du Feu Obscur, au sortir du chaos, contre l'harmonie du Ciel Ethéré, ainsi qu'il a été dit[1].

De la sorte, Mars possède deux équivalents de Chaud par suite d'accident et de deux équivalents de Chaud provenant de la nature du Soleil, par suite du voisinage de cet astre. A cause de ce Chaud accidentel, il se trouve par nature méchant et destructeur ; et à cause de sa constitution essentielle dont le Chaud vient du Soleil, il régit des éventualités qui procèdent toutefois de sa nature ignée et destructive ; mais cette nature est d'autant moins mauvaise que la planète est plus en butte aux regards des astres fortunés.

De là, l'origine de la bile et de ses succédanées.

Nous pouvons comprendre ainsi la formation du fer par un surchauffage et un sur-sulphurage de

[1] Ceci donne une idée de la façon dont l'auteur comprend la formation des corps célestes du système solaire. Son texte dit en propres termes : *Mars est planeta compositus ex natura Solis ignea et calore minus naturali per antiperistasin cœli aquæi et grossioris ætheris partis in altissimam cœli medii partem, presentia solis pulsæ conflictu cum corpore solari, non aliter quam Elementum Ignis natum ex conflictu Tenebrosi Vaporis a Chaos exsurgentis cum splendida cœli ætherei dispositione, ut dictum est.* Le Soleil donne à Mars une partie de lui-même, c.-à-d. de son Feu, et ensuite, par sa présence, il occasionne une réaction (chimique).

la matière ; et il en est de même de beaucoup d'autres substances[1].

Mars est plus Sec qu'Humide, tant à cause de de sa nature analogue à celle de Saturne, qu'à cause de son rapprochement du Soleil dont la nature est encline au Sec et surtout tendante vers la partie supérieure du Ciel Cristallin.

Son abréviaton symbolique est ♂

Cette planète présente les particularités suivantes :

Nature élémentaire : chaude et humide ; nocturne ; masculine ; occidentale ; amie du Soleil ; ennemie de Jupiter.

Mouvement : sa révolution sidérale se fait en deux ans.

Nature acquise : (voir le paragraphe 2 suivant).

Eléments physiques : sa densité est évaluée à 0,263088.

Action sublunaire générale : mauvaise et défavorable à la vie des êtres comme celle de Saturne, à cause de son voisinage avec le corps du Soleil.

[1] Ceci est de l'alchimie. Dans la philosophie rationaliste et matérialiste de l'auteur chaque planète du système solaire concourt à former les corps chimiques chacune par une opération identique à celle qui l'a constituée elle-même. Il en résulte que chaque planète doit contenir principalement les substances de nature analogue à la sienne.

A propos du sur-sulphurage, il faut remarquer que le souphre des alchimistes n'a rien de commun avec notre soufre vulgaire. C'est un agent sur lequel les opinions varient.

Au sujet de l'occidentalité de Mars, se reporter à ce qui a été dit au chapitre de Saturne (voir page 135).

§ 2. NATURE ACQUISE

Pour définition et explication de la nature acquise (voir page 117).

I. — *Nature acquise essentielle*

La Puissance de Mars est essentielle :

1° en Domicile { diurne .... ♈ ; nocturne .... ♏

2° en Joie .... ♈

3° en Exaltation .... 28° ♑

4° en Triplicité { diurne .... ♋ ♍ ♊ ; commune .... ♓ ♌ ♐

5° en Terme

♈	du	20°	au	25°
♉	—	27°	—	30°
♊	—	17°	—	24°
♋	—	0°	—	7°
♌	—	24°	—	30°
♍	—	21°	—	28°
♎	—	25°	—	30°
♏	—	0°	—	7°
♐	—	26°	—	30°
♑	—	26°	—	30°
♒	—	20°	—	25°
♓	—	19°	—	28°

6° en Face	aux 10 premiers degrés. ♈ ♏
	aux 10 moyens — ♊ ♑
	aux 10 derniers — ♌ ♓

7° en degrés masculins de tous les signes.

II. — *Puissance dans les Maisons astrologiques* (voir page 120).

III. — *Puissance accidentelle* (voir page 121).

IV. — *Débilités essentielles*

La Chute de Mars est au 28° du Cancer, signe qui est la Mort et l'Humiliation, comme le Capricorne en est la Vie et l'Exaltation. *Le Détriment* et *l'Exil* de Mars sont la Balance et le Taureau, signes opposés au Bélier et au Scorpion.

Pour les autres Débilités essentielles (voir page 131).

V. — *Débilités accidentelles* (voir page 133).

§ 3. INFLUX GÉNÉRAUX

I. — *Effet sur le Macrocosme*

Mars gouverne dans le Macrocosme :

Parmi les points cardinaux : *le Nord-Ouest.*

— les climats : *le troisième.*

Parmi les météores : *le vent d'Afrique, le tonnerre et la foudre.*

— les Eléments : *le Feu.*

— les métaux :.. *le fer.*

— les jours :. . *le mardi.*

Mars gouverne le troisième climat, c'est-à-dire la Terre Sainte et ses environs : ces endroits furent, du reste, le théâtre de différentes guerres dès les origines du monde, ils le seront encore jusqu'à la consommation des siècles.

Mars sollicite les vents du Nord-Ouest parce qu'il est semblable au Soleil par la violence de son Chaud et qu'il possède son Domicile en Trigone avec celui de cet astre. En outre, il soulève les vents d'Afrique à cause de son intimité avec la Lune et parce que la partie Ouest est féminine, ainsi qu'il a été plus dit haut (voir page 136).

Quant au tonnerre, il est suscité par suite des regards sur Mars d'autres planètes propres et enclines à déchaîner la tempête et la foudre, ainsi que nous l'expliquons plus loin au Livre IV.

II. — *Effet sur le Microcosme*

Mars fait l'homme.

I. — Sur le plan moral :

1. *Quand il est puissant et bien placé*[1]

Généreux, fort, courageux ;
Porté à la colère, mais vivement calmé ;
Véhément ;
De main prompte ;
Téméraire ;
Joueur ;
Défiant le danger ;
Fanfaron ;
Aimant donner des festins et enclin à boire ;
Orgueilleux ;
Vindicatif ;
Ne supportant pas l'injustice ;
Prodigue ;
Amoureux de toutes les femmes.

2. *Quand il est débile et infortuné*

Cruel et dur ;
Fomentateur de discordes ;

[1] Pour ne pas répéter trop souvent les mêmes mots, l'auteur emploie tour à tour les expressions *bene dispositus* ou *bene affectus;* elles sont traduites, uniformément, par *bien placé*, parce que *dispositus* exprime la position physique et *affectus* l'état moral, deux éléments qui résultent de la situation zodiacale de la planète.

Querelleur et révolté ;
Téméraire ;
Orgueilleux ;
Pillard ;
Lâcheur ;
Impudent ;
Impie et imprégné au suprême degré de toutes les mauvaises dispositions ;
Furieux.

II. — Sur le plan physique.

1. Quand il est oriental

Chaud et sec ;
De teint intermédiaire, ni blanc ni rouge, plutôt jaune ;
De taille haute et bien proportionnée, moyenne cependant si le Soleil regarde Mars.
Avec des yeux bleus et un peu grands ;
Avec une chevelure fine et abondante ;
D'une complexion chaude et sèche, bilieuse ;
Avec la tête inclinée.

2. Quand il est occidental

Sec, au point que le Sec prédomine.
Avec un visage rubicond et ceci à cause

principalement de l'habitude de la boisson ;

De peau tachetée ;

De taille moyenne ;

De tête petite ;

Avec une chevelure rousse, peu abondante, clairsemée, fine, très rebelle, et tendant légèrement à blanchir ;

De corps pareillement roux ;

Avec des yeux petits, parfois safrannés et brillants ;

Avec un signe ou une marque quelconque au visage ;

Avec des dents longues ;

De physionomie brutale ;

Maigre ;

Avec un nez aux narines larges ;

Avec un signe ou une défectuosité au pied ;

Bossu ;

De teint foncé ou brun.

Parmi les humeurs, Mars commande à la bile. Il régit les substances amères et de saveur aigre.

Dans le corps humain, il gouverne :

L'oreille gauche ;

La vésicule biliaire ;

Les reins ;

Les veines ;

Les parties génitales extérieures de l'homme.

Il apporte les maladies suivantes :

Les fièvres aigües, c'est-à-dire les fièvres dites : ardente, continente, pestilentielle, tierce, continue.
La peste ,
L'ictère jaune ;
Le charbon ;
L'érésipèle ;
Les fistules ;
Les abcès ardents ;
Les blessures récentes, surtout au visage ;
La morphée rouge ;
La dyssenterie ;
L'épilepsie ;
Les maladies malignes ;
Les traumatismes occasionnés par le fer.

Dans la vie humaine, il commnade à la *jeunesse*.
Dans la vie sociale, il fait :

Les soldats ;
Les ouvriers de l'airain et du fer ;
Ceux qui ont la passion des machines de guerre et des bombardes ;
Les fondeurs ;
Ceux qui appliquent les cautères ;

Dans le Bélier, le Lion, le Scorpion[1]: les chasseurs ;

Ceux dont les métiers nécessitent l'emploi du feu ;

Les alchimistes ;

Les transmutateurs de métaux ;

Les chefs et les capitaines.

En aspect avec Vénus: les médecins, les chirurgiens, les apothicaires.

V. — SOLEIL

§ 1. NATURE INTRINSÈQUE

Le Soleil, à l'encontre de ceux qui, écrivant sur son compte, le déclarèrent Sec, nous apparaît nettement Chaud d'une façon patente, et Humide. Le produit de la lumière est à un tel point la Forme qu'il ne peut se mouvoir dans un corps sans l'aide d'un véhicule [2]; voilà pourquoi chaque rayon de

[1] Le texte porte les signes ♈♌♏, mais on est en droit de se demander si ♏ n'est pas une faute d'impression pour ♐ ; le Sagittaire étant en effet un signe auquel correspond la chasse (voir la mythologie.)

[2] Quel est ce produit de la Lumière que l'auteur désigne par le mot *Hœres* pour faire comprendre qu'il hérite de l'*aour* primordial ? C'est évidemment un agent secondaire que la science inductive isolera un jour. Quoiqu'il en soit, l'auteur dit ici clairement que le Chaud c'est l'*aour* en action et l'Humide l'aour secondaire, l'*aor* (אורך) probable-

Soleil contient une parcelle de la masse de la substance solaire, laquelle est très apparentée avec l'Humide, favorise la vie des animaux et des végétaux, et s'appelle l'Humidité radicale de la Vie.

Telle est l'origine de la force génératrice du Soleil, celle aussi de sa vertu multiplicative et de la Vie, cette dernière consistant non en quelque principe de Sec, lequel lui serait absolument contraire, mais en Humide tempéré par un certain Chaud. C'est ce Chaud qui, outre son affinité avec la matière solaire, s'est perfectionné en Beauté [1], agit efficacement sur le monde inférieur, d'une façon cachée, si les études que nous avons faites sur sa composition intrinsèque et absolue sont exactes. Nous avons prouvé, en effet, par une démonstration à peu près infaillible, que la masse solaire se compose en parties égales de *Matière Spirituelle* et de *Lumière* [2] par suite de la section médiane d'une

ment; le Chaud est un des éléments des facteurs génératifs et l'Humide un des éléments de l'accroissement des êtres. Il ajoute que ce dernier principe est véhiculé par le rayon solaire ou lumière vulgaire. L'étude physique des fluides — laquelle est encore dans l'enfance — permettra à la science inductive de vérifier cette théorie. En tout cas le lecteur comprendra de quelle façon il devra entendre les expressions : Chaud, Humide, Froid, Sec.

[1] La Beauté absolue est l'expression la plus élevée de la Matière-Forme. L'auteur explique ici le passage du Chaud à la Chaleur.

[2] L'auteur n'admet pas de distinction absolue entre la Matière et la Substance, il considère ces deux principes comme de même nature et il appelle le second Matière spiri-

double pyramide[1] de *Forme*, c'est-à-dire de Matière[2] ; aussi avons-nous appelé son globe une sphère de symétrie. Mais la Lumière est un agent, elle ne se perçoit que dans son action ; c'est la raison pour laquelle on dit que la qualité dominante dans le corps du Soleil est le Chaud, — ce Chaud qui entre avec ses propres éléments de Lumière dans la composition des facteurs de la génération et que l'on appelle de ce chef la Chaleur innée du Vivant et éveille avec son action les Chaleurs accidentelles, tantôt par réflexion, tantôt par réverbération, tantôt encore par le moyen de l'inertie de la matière ténébreuse et moins formée. Et ces actions secondaires du Chaud ont fait présumer que le Soleil était Chaud et Sec.

L'abréviation symbolique du Soleil est ☉

Cette planète présente les particularités suivantes :

tuelle; quant à la lumière dont il parle, c'est l'aour (אור) de la Genèse créé bien avant tout, on le considère comme un agent vibratoire.

[1] La pyramide n'est pas seulement une figuration symbolique du Macrocosme; de nos jours un savant géologue américain, M. Lowthian Green, a pu prouver que la surface visible de la Terre était comparable à une immense pyramide régulière à quatre faces, soit, pour employer le langage de Robert Fludd, à la moitié d'une double pyramide sectionnée au milieu.

[2] L'auteur admet deux états primordiaux de la Matière absolue : l'Informe et la Forme; l'Informe, c'est la Matière du Chaos ou des Ténèbres, elle nous est inconnue; la Forme, c'est la Matière qui nous est connue, elle est alors de deux sortes, matérielle proprement dite ou spirituelle.

Nature élémentaire : manifestement chaude et sèche, et secrètement humide ; diurne : masculine;orientale ; amie de Mars ; ennemie de Saturne

Mouvement : sa révolution sidérale se fait en 365 jours 7 heures.

Nature acquise : (voir le § 2 suivant).

Eléments physiques : sa densité est évaluée à 0,343996.

Action sublunaire générale : favorable à la vie et, bien mieux, dispensateur de la vie dans ce monde inférieur ; bénéfique par aspect planétaire et maléfique par conjonction ordinaire [1].

§ 2. NATURE ACQUISE

I. — *Nature acquise essentielle*

La Puissance du Soleil est essentielle :

1° en Domicle ♌

2° en Exaltation 21° ♈

3° en Triplicité diurne ♈ ♌ ♐

4° en Face......... { aux 10 premiers degrés ♍ ; aux 10 moyens — ♈ ♏ ; aux 10 derniers — ♊ ♑ }

5° en Degrés Masculins de tous les signes.

[1] **En Cazimi une planète voit sa vertu augmentée, sans doute parce que les rayons du Soleil véhiculent ses influx, mais en conjonction ordinaire, c'est-à-dire complète, alors que la planètepasse sur l'astre, si elle est inférieure, ou se**

Règle : *Les deux luminaires manquent de Termes, ainsi qu'il a été dit au chapitre du signe du Bélier.*

Règle : *De toutes les planètes, le Soleil et la Lune sont les seules n'ayant qu'un Domicile unique.*

Règle : *Le Soleil ne peut être combuste, puisqu'il est la raison même de la combustion* (voir page 122).

Règle : *Le Soleil n'est ni rétrograde, ni direct, ni stationnaire, il n'a pas de révolution synodique.*

Règle : *L'Apogée du Soleil est dans le Cancer et son Périgée dans le Capricorne.*

Règle : *La Chute, dite aussi Mort et Humiliation du Soleil, est au 21° de la Balance, car son Exaltation ou sa Vie est au 21° du Bélier.*

Son Détriment ou Exil est dans le Verseau.

Règle : *Le Soleil ne peut également se trouver Oriental ou Occidental, puisqu'il est précisément la raison de l'Orientalité et de l'Occidentalité des planètes.*

Les autres Puissances et Débilités ont été étudiées au chapitre de Saturne (page 120 et suiv.) ; *applicables au Soleil.*

trouve cachée par lui si elle est supérieure, cette même vertu est ou absorbée par la masse des puissants influx solaires ou arrêtée par le disque énorme du Soleil.

§ 3. INFLUX GÉNÉRAUX

I. — *Effet sur le Macrocosme :*

Le Soleil gouverne dans le Macrocosme :
Parmi les points cardinaux : *l'Orient.*
— les climats :........ *le quatrième.*
— les météores :....... *il a rapport avec tous.*
— les Eléments :....... *en partie l'Air et en partie le Feu.*
— les métaux :........ *l'or.*
— les jours :....... .. *le dimanche.*

Le quatrième climat comprend la Grèce. C'est pourquoi ce pays abonda en hommes savants et illustres qui sont eux-mêmes gouvernés par le Soleil. C'est pourquoi aussi les grands maîtres de la terre, supérieurs aux monarques du monde ont habité ce climat et y sont honorés.

Le Soleil est l'auteur de plusieurs météores de différentes espèces ; il les produit selon ses divers aspects avec les autres planètes.

II. — *Effet sur le Microcosme*

Le Soleil fait l'homme :
I. — Sur le plan moral :
Juste ;

Appliqué ;
Colère comme le serpent ;
Prompt à la vengeance ;
Ambitieux et orgueilleux ;
Avide d'honneurs et de domination.

II. — Sur le plan physique :

De moyenne mais belle stature ; avec une tendance à grossir et une apparence charnue si le Soleil est principalement dans un signe d'Eau, mais s'il est dans un signe de feu avec une apparence peu charnue quoique s'améliorant à mesure que l'homme avance en âge ;
D'un tempérament bien équilibré quand le Soleil est dans un signe d'Eau ;
De teint chaud ;
Avec un visage imposant et beau, mais d'une légère pâleur mélangée avec un tout petit peu de rougeur ;
Avec des yeux clairs et grands dont la couleur est un mélange de bleu et de jaune ;
Avec des cheveux épars ;
Avec une barbe pleine et belle ;
Avec une voix rauque.

Parmi les humeurs, le Soleil commande au

fluide composé de la Chaleur innée et de l'Humidité radicale.

Dans le corps humain il gouverne :

Le cœur ;
Le cerveau ;
La moelle épinière ;
Les nerfs ;
La vision et en particulier l'œil droit chez l'homme et l'œil gauche chez la femme.

Il agit naturellement sur les fonctions de Vie et d'Attraction.

Il apporte les maladies suivantes :

La syncope ;
La gastralgie ;
L'ophtalmie ;
La blépharite ;
Les lésions de la bouche ;
Toutes les maladies chaudes et sèches qui ne proviennent pas de la bile.

Dans la vie humaine, il commande à l'âge parfait ou âge mûr.

Dans la vie sociale, il fait :

Les ouvriers d'or, d'airain et de pierres précieuses ;
Les grands seigneurs ;

Les magistrats ;
Les rois ;
Les princes ;
Les comtes [1]

VI. — VENUS

§ 1. NATURE INTRINSÈQUE

Vénus est une planète composée de deux principes : un de la nature de Mercure et un autre de la nature du Soleil. On trouvera la démonstration de ce fait dans notre premier traité du Macrocosme au chapitre de la composition des astres.

Cette planète est féminine ; sa nature est particulièrement mobile et inconstante parce qu'elle provient de Mercure, qui est par essence inconstant et instable. Cette planète est aussi considérée comme favorable et bénéfique pour la vie des êtres ; ces qualités lui proviennent du Chaud tempéré du Soleil.

Son abréviation symbolique est ♀

[1] Il ne faut pas oublier l'origine étymologique des mots :
Le magistrat est celui dont la juridiction s'étale largement *(magis stratus)*; c'est donc un haut fonctionnaire ;
Le roi est celui qui gouverne *(regere)*;
Le prince est un des premiers *(princeps)* dans la nation ;
Le comte est un compagnon *(comes)* du roi, il fait donc partie de l'état-major de la nation.

Elle présente les particularités suivantes :

Nature élémentaire : chaude et humide, plus humide néanmoins que celle du Soleil ; nocturne ; féminine ; méridionale ; amie de Jupiter ; ennemie de Mercure.

Mouvement : dans sa révolution elle accompagne le Soleil.

Nature acquise : (voir le § 2 suivant).

Eléments physiques : sa densité est évaluée à 0,3274494, 6/11.

Action sublunaire générale : favorable à la vie des êtres et de toute chose ; secondairement bénéfique, et l'action de Vénus est ainsi qualifiée parce que cette planète est celle qui *après* Jupiter répand le plus de bien sur ce monde inférieur.

§ 2. NATURE ACQUISE

I. — *Nature acquise essentielle*

La puissance de Vénus est essentielle :

1° en Domicile	diurne	♎
	nocturne	♉
2° en Joie	....	♉
3° en Exaltation	....	27° ♓
4° en Triplicité	nocturne	♉ ♍ ♑
	commune	♋ ♏ ♓

5° en Terme

♈	du	6°	au	12°
♉	—	0°	—	8°
♊	—	12°	—	17°
♋	—	7°	—	13°
♌	—	6°	—	11°
♍	—	7°	—	17°
♎	—	21°	—	28°
♏	—	7°	—	11°
♐	—	12°	—	17°
♑	—	14°	—	22°
♒	—	7°	—	13°
♓	—	0°	—	11°

6° en Face

aux 10 premiers degrés. ♒
aux 10 moyens — ♍
aux 10 derniers — ♈ ♏.

7° en degrés masculins de tous les signes.

Au sujet de ces diverses Puissances on se reportera au chapitre de Saturne (p. 120 et suiv.). Il y est fait la remarque que les planètes masculines sont plus puissantes dans les Degrés masculins ; donc par conséquent Vénus, qui est une planète féminine, se complaît davantage et acquiert une plus grande puissance dans les *Signes de son sexe*, et, comme corollaire, elle est débilitée dans les *Signes masculins* [1].

[1] Cette remarque s'applique à toutes les planètes : en principe *un astre est plus puissant en un lieu quelconque de nature analogue à la sienne*, donc, s'il est masculin, il sera plus puissant en un lieu masculin, et plus faible en un lieu féminin et *vice versa.*

Il convient de noter, en outre, que, parmi les puissances acquises, l'*Occidentalité* augmente principalement la force de Vénus (il en est de même pour Mercure) ; par contre l'*Orientalité* la diminue particulièrement.

Enfin, en troisième lieu, il ne faut pas oublier que Vénus est plus puissante dans un point cardinal féminin et plus faible dans un masculin [1].

§ 3. INFLUX GÉNÉRAUX

I. — *Effet sur le Macrocosme*

Vénus gouverne dans le Macrocosme :

Parmi les points cardinaux : *le Midi et le Sud-Ouest.*

— les climats : *le cinquième.*

— les météores : *les humides et parfois même les vents.*

— les Eléments : *l'Air et l'Eau, mais plutôt ce dernier Elément.*

— les métaux : *le cuivre.*

— les jours : *le Vendredi.*

Vénus, ainsi, régit la Savoie, la Lombardie et le reste de l'Italie ; aussi voit-on les habitants de ces contrées s'adonner à la licence et à la volupté.

[1] Voir la note de la page précédente.

II. — *Effet sur le Microcosme*

Vénus fait l'homme.

I. — Sur le plan moral :

1° *Quand elle est puissante et bien placée,*

Libéral, obligeant, compatissant ;
Calme, bon, sans affectation, intelligent ;
Doux et gracieux dans ses mouvements ;
Riant et gai, aimant la danse ;
Aimant à recevoir et à goûter les plaisirs mondains.

2° *Quand elle est débile et infortunée,*

Insoucieux de la renommée et de mauvaise réputation ;
Recherchant les femmes ;
Porté à la luxure et à la débauche ;
Dissolu, adultère, prostitué ;
Jaloux, efféminé, veûle ;
Timide, poltron, lâche.

II. — Sur le plan physique :

D'une taille moyenne, mais haute si Vénus est orientale ;
D'une beauté féminine ;
D'un corps fatigué ;

De teint blanc avec quelque rougeur ;
Avec une belle chevelure un peu frisée ;
Avec un visage gras ;
Avec un beau front ;
Avec des sourcils minces;
Avec de beaux yeux vagues et calmes ;
Avec un grand nez ;
Avec des joues blanches et roses ;
Avec des lèvres minces ;
Avec des jambes bien faites.

Il faut noter que, par sa nature, Vénus produit les mêmes effets que Jupiter, mais préférables en ce sens qu'elle donne plus de beauté et de finesse au corps de celui qui nait sous son influence.

Parmi les humeurs, elle commande à la phlegme[1] et à la fois au sang.

Dans le corps humain, elle gouverne :

Les muscles ;
Le cou ;
La gorge ;
La poitrine ;
Les seins ;
Le foie ;
Les reins ;

[1] On traduit généralement *phlegme* par *pituite*, ce qui n'avance pas à grand'chose, étant donné que cette pituite, humeur fondamentale, n'a certainement rien de commun avec l'expectoration morbide du même nom, sinon peut-être une relation d'effet à cause dans la pensée des physiologistes de l'antiquité.

La matrice ;
Les organes génitaux ;
La semence ;
Les fesses ;
Les lombes ;
Le ventre.

Elle agit naturellement sur la fonction attractive.

Elle apporte les maladies suivantes :

La gale ;
Le refroidissement stomachique ;
La faiblesse d'estomac et de foie ;
La lienterie ;
Le diabète ;
Les affections de la matrice, comme l'étranglement, etc. ;
Le priapisme ;
La gonorrhée ;
La diarrhée.

Dans la vie humaine, elle commande à l'adolescence depuis 14 ans jusqu'à 28.

Dans la vie sociale, elle fait :

Les musiciens ;
Les poètes ;
Les acteurs ;
Les bouffons ;
Les danseurs ;
Les peintres ;
Les écrivains ;

Les courtisans arrivés par faveur féminine[1] ;
Les marchands de vêtements de prix et de pierreries ;
Les pharmaciens ;
Les marchands d'aromates[2].

VII. — MERCURE

§ 1. NATURE INTRINSÈQUE

Mercure, ainsi qu'il a été dit, est constitué par la substance dense de la région éthérée qui lui tint lieu de matière première, et par une partie du corps solaire qui le forma. C'est de là que vient sa mobilité dans ses opérations, dont la cause immédiate réside dans la tendance avide de sa matière à prendre les formes variées et multiples des planètes. Cette matière, en effet, est prématurée[3] ; il faut voir en ce fait la raison du vif désir que Mercure a parfois de prendre la forme de quelqu'autre planète et de changer sa propre nature contre celle de cette dernière : dès qu'il est, par son

[1] Ceux qui arrivent à la cour *(aulici)*, c.-à-d. à l'état-major de la nation par mariage ou intrigue féminine.

[2] Il semble que sous cette rubrique doivent rentrer toutes les professions à côté de la pharmacie et de la médecine régulières : massage, manucure, etc.

[3] L'auteur emploie le terme de *cruditas materiæ*, crudité ou prématuration de la matière ; il veut donner à entendre que la matière de Mercure n'est pas *mûre*, et par consé-

mouvement, *séparé* d'avec un astre et qu'il *s'applique* à un autre, aussitôt il s'empresse d'endosser la nature de celui-ci, et toujours il prend la nature de l'astre le plus puissant, parce que la sienne, qui est froide et humide, se l'assimile mieux.

Telle est la raison de la mobilité de Mercure, laquelle le rend bon avec les astres bénéfiques, mauvais avec les maléfiques et médiocres avec les médiocres.

Son abréviation symbolique est ☿ .

Il présente les particularités suivantes :

Nature élémentaire : chaude avec les planètes chaudes, froide avec les froides, sèche avec les sèches, humide avec les humides, nocturne avec les nocturnes, diurne avec les diurnes, masculine avec les masculines, féminine avec les féminines ; orientale ou occidentale selon le mouvement du principal luminaire avec lequel Mercure est toujours de conserve [1].

Mouvement : il parfait sa révolution avec le Soleil.

Nature acquise : (voir le § 2 suivant).

Eléments physiques : sa densité est de 0,253372,2/3.

quent susceptible de recevoir une modification dans son développement. Ce sont là uniquement des figures ; il ne faudrait pas en conclure que Mercure est un astre moins évolué que tous ceux du système.

[1] Mercure ne s'éloigne jamais à plus de 28 degrés du Soleil, mais se trouve en toutes sortes de positions avec la Lune.

Action sublunaire générale : tantôt favorable, tantôt défavorable à la vie ; bénéfique avec les planètes bénéfiques ; particulièrement exécrable et maléfique avec les planètes maléfiques.

§ 2. NATURE ACQUISE

Pour définition de la nature acquise, voir page 117.

I. — *Nature acquise essentielle*

La Puissance de Mercure est essentielle :

1° en Domicile	diurne	♊
	nocturne	♍
2° en Joie		♊
3° en Exaltation	15°	♍
4° en Triplicité nocturne		♊ ♎ ♒

5° en Terme :

♈	du	12°	au	20°
♉	—	8°	—	14°
♊	—	0°	—	6°
♋	—	13°	—	19°
♌	—	6°	—	13°
♍	—	0°	—	7°
♎	—	19°	—	24°
♏	—	21°	—	27°
♐	—	14°	—	19°
♑	—	6°	—	12°
♒	—	6°	—	12°
♓	—	14°	—	20°

6° en Face { aux 10 premiers degrés. ♉
aux 10 moyens — ♐
aux 10 derniers — ♈ ♏

Toutes ces Puissances ont été expliquées au chapitre de Saturne. Il convient de remarquer que l'*Occidentalité* est une Puissance pour Mercure, tandis que l'*Orientalité* est une Débilité pour lui. En outre, il faut noter que l'*Exaltation* de Mercure étant dans la Vierge, sa *Chute* est dans les Poissons, ainsi que cela a déjà été expliqué.

§ 3. INFLUX GÉNÉRAUX

I. — *Effet sur le Macrocosme*

Mercure dans le Macrocosme gouverne :

Parmi les points cardinaux : *le Nord-Ouest.*
— les climats : *le sixième.*
— les météores : *tout au plus les vents.*
— les Eléments : *l'Air et l'Eau et à vrai dire tous, selon la nature de la planète conjointe.*
— les métaux : *le mercure.*
— les jours : *le Mercredi.*

Dans le sixième climat, Mercure se trouve dominer sur la Gaule et la Bourgogne, aussi remarque-t-on que les peuples de ces régions sont inconstants et versatiles.

II. — *Effet sur le Microcosme*

Mercure fait l'homme :

I. — Sur le plan moral :

1° *Quand il est puissant et bien placé*,

Remarquable par la vivacité de l'esprit ;
Ayant le bonheur de se concilier des amis ;
Subtil ;
Industrieux et malin ;
Scrupuleux ;
Sagace dans ses raisonnements ;
Sensé ;
Appliqué et plein de science ;
Eloquent ;
De bonnes mœurs ;
Apprenant beaucoup par lui-même .

2° *Quand il est débile et infortuné*,

Inconstant et léger dans les mœurs ;
Fourbe ;
Malveillant ;

Menteur, surtout si Mercure se trouve avec le nœud descendant de la Lune et dans une dignité essentielle des maléfiques ;

Simulateur et dissimulateur ;

De mauvaise réputation ;

Oublieux ;

Sot ;

Bavard ;

II. — Sur le plan physique :

1° *Quand il est oriental,*

Fortement chaud ;

Un peu pâle ;

De teint ni trop noir ni assez blanc, mais tirant un peu sur le jaune ;

De taille moyenne et de bonne complexion ;

Avec de longues jambes ;

De chevelure peu abondante mais longue ;

Avec de petits yeux ;

2° *Quand il est occidental,*

Humide, mais tendant néanmoins au sec ;

Maigre ,

Pâle ;

De teint tirant sur le noir avec un mélange de jaune et d'un peu de rougeur ;

Avec un visage de chèvre ;

Avec un front haut et étroit ;

Avec des yeux enfoncés ;

Avec des pupilles comme celles des chèvres et tirant sur le rouge ;

Avec un grand nez ;

Avec des lèvres minces ;

Avec une barbe longue mais rare ;

Avec une voix faible.

Parmi les humeurs, Mercure commande à la mélancholie à cause de sa parenté avec Saturne.

Dans le corps humain il gouverne :

Le cerveau ;

L'esprit ;

L'imagination ;

La mémoire ;

L'appareil vocal ;

Les mains ;

Les doigts ;

Les jambes.

Il agit naturellement sur les fonctions de respiration et d'imagination.

Il apporte les maladies suivantes :

La frénésie ;

La manie ;

La mélancolie ;

L'épilepsie ;

La toux ;

L'abondance de crachat ;

L'aliénation mentale ;

Le balbutiement et les défauts de langue ;

L'enrouement.

Dans la vie humaine il commande à l'enfance depuis 4 ans jusqu'à 14.

Dans la vie sociale, il fait :

Les dignitaires[1],

Les conseillers[2] ;

Les scribes ;

Les marchands ;

Les philosophes ;

Les mathématiciens[3] ;

Les devins ;

Les inventeurs.

[1] *Honorati*, c.-à-d. ceux dont l'objet principal de la fonction est la représentation, la façade, vulgairement : les honneurs.

[2] *Consiliares*, littéralement les assesseurs, c.-à-d. ceux dont la fonction est inutile en apparence, mais fort utile en réalité puisqu'ils donnent leur avis, *consilium*.

[3] *Mathematicus* signifie non seulement mathématicien, mais astrologue.

VIII. — LUNE

§ 1. NATURE INTRINSÈQUE

La Lune est une planète de condition inférieure[1]; elle est composée de la partie la plus humide et la plus dense de tout le ciel éthéré ; lors de sa formation, elle a reçu du Soleil par l'intermédiaire de Mercure son principe de Lumière. Elle est extrêmement prématurée[2] et humide, aussi gouverne-t-elle les humeurs ; elle est particulièrement inachevée[3] et elle a constamment besoin du secours de la Forme solaire pour renforcer son efficacité et en parfaire les résultats : aussi est-ce lors de son opposition avec le Soleil, quand son disque est entièrement éclairé, et lors de sa conjonction avec cet astre, qu'elle répand sur ce monde inférieur ses plus puissants influx. La Lune possède donc la magnifique nature du Soleil, mais comme par ricochet. Cette nature, par sa présence en elle, l'éveille en quelque sorte ; et

[1] Voir la note page 128. La Lune étant un satellite est nécessairement un astre secondaire.
[2] Voir la note page 177.
[3] *Indigestus*, c.-à-d. mal digéré.

c'est ainsi que les dispositions de sa matière prématurée, à cause de l'Humide de cette même matière, pénètrent les choses et les événements de ce monde inférieur.

Son abréviation symbolique est ☾

Elle présente les particularités suivantes :

Nature élémentaire : froide et humide ; changeant à chaque quartier, comme fait le Soleil tous les quatre ans[1] ; nocturne ; féminine ; occidentale ; amie de Jupiter ; ennemie de Mars.

Mouvement : sa révolution sidérale se fait en 27 jours 8 heures.

Nature acquise : (voir le § 2 suivant).

Eléments physiques : sa densité est de 0,105222,2/33.

Action sublunaire générale : gouvernant les humeurs : donnant de l'expansion aux vertus de toutes les planètes supérieures ; répandant très peu, mais insensiblement, de chaleur.

§ 2. NATURE ACQUISE

Pour définition de la nature acquise, voir page

I. — *Puissance acquise essentielle*

La Puissance de la Lune est essentielle :

1° en Domicile : ♋

2° en Exaltation : 3° ♉

[1] Les changements d'état du Soleil tous les quatre ans correspondraient au mouvement quadriennal du système magnétique terrestre qui est un des mouvements fondamentaux de ce système.

3° en Triplicité { diurne ♉ ♍ ♑ / commune ♋ ♏ ♓

4° les Termes manquent ainsi qu'il a été dit (page 164).

5° en Face { aux 10 premiers degrés. ♎ / aux 10 moyens — ♉ ♐ / aux 10 derniers — ♋ ♒

6° en Degrés féminins de tous les signes.

L'Orientalité, c'est à remarquer, renforce la nature de la Lune ; *l'occidentalité* l'affaiblit.

La Chute ou Mort de la Lune est à 3° du Scorpion, son Exaltation étant dans le Taureau.

Son Détriment est dans le Capricorne.

Elle se comporte, dans les autres Puissances et Débilités, de la façon expliquée au chapitre de Saturne (pages 120 et suiv.).

Il faut tenir compte, toutefois, que Vénus et la Lune sont toujours plus puissantes sous la terre [1] qu'au-dessus.

§ 3. INFLUX GÉNÉRAUX

I. — *Effet sur le Macrocosme*

La Lune dans le Macrocosme gouverne :

Parmi les points cardinaux : *tous en général, lorsque le Soleil les regarde ; en particulier, l'Ouest.*

[1] Par conséquent dans les Maisons I, II, III, IV, V et VI.

Parmi les climats ; *le septième.*
— les météores : *tous ceux qui sont aqueux.*
— les Eléments : *l'Eau.*
— les métaux : *l'argent.*
— les jours : *le Lundi.*

C'est à cause de l'influence de la Lune sur le septième climat qui comprend l'Allemagne, l'Angleterre et les pays avoisinants, que les peuples de ces contrées sont si remuants, voyageurs et portés à la boisson.

II. — *Effet sur le Microcosme*

La Lune fait l'homme.

I. — Sur le plan moral :

Remuant, inconstant, versatile ;
Mobile et voyageur ;
Aimant parcourir les terres étrangères ;
S'engouant de toutes les nouveautés ;
Excentrique ;
Mou.

II. — Sur le plan physique :

De complexion très humide, surtout si la Lune est séparée du Soleil ;
De corps robuste et bien portant, si elle est dans la première station ;
De corps faible, si elle est dans la deuxième station ;

Disproportionné, si elle est rétrograde ;
De haute taille ;
Avec un visage harmonieux et beau ;
Avec des yeux saillants ou louches, pas complètement noirs ;
D'un teint blanc et, selon quelques auteurs, mélangé avec de la rougeur.

Parmi les humeurs, la Lune commande à la phlegme et en général à tous les liquides du corps.

Dans le corps humain, elle gouverne :

Le cerveau ;
L'œil gauche chez l'homme et l'œil droit chez la femme ;
Les intestins ;
L'estomac ;
La vessie ;
La vulve.

Elle agit naturellement sur les fonctions d'expulsion.

Elle apporte les maladies suivantes :

L'épilepsie ;
La paralysie ;
La douleur de ventre ;
La colique ;
Les menstrues ;
L'apostème ;
L'occlusion intestinale ;

L'ébranlement nerveux et toutes les maladies provenant des nerfs ou occasionnées par le froid et l'humidité.

Dans la vie humaine, elle commande à la vieillesse.

Dans la vie sociale, elle fait :

Les voyageurs ;

Les chargés d'affaires[1] ;

Les messagers et les courriers ;

Les pêcheurs ;

Les marins ;

Ceux qui sont occupés sur l'eau ou autour de l'eau.

IX. — RÈGLES GÉNÉRALES CONCERNANT TOUTES LES PLANÈTES

RÈGLE : *Toutes les planètes précitées manifestent les dispositions naturelles qui leur ont été respectivement attribuées, — si toutefois elles sont bien placées.*

Si elles sont mal placées, elles perdent de ces dites dispositions, proportionnellement à leur coefficient de Débilité, — et cela principalement dans les lieux qui leur ont été assignés comme

[1] Le mot *legatus* signifie en particulier ambassadeur, mais en général chargé d'une mission quelconque.

Débilités, mais aussi dans les lieux qui leur échoient par suite du signe qu'elles occupent.

RÈGLE : *Il faut bien remarquer si les Significateurs principaux*[1] *se trouvent en Degrés Lumineux, Voilés ou Ténébreux. En effet, dans les Degrés Lumineux, la beauté et la blancheur du visage est augmentée ; dans les Degrés Voilés, le teint s'obscurcit, devient brun ou basané ; dans les Degrés Ténébreux, l'aspect général s'enlaidit et se rapproche de la bestialité.*

RÈGLE : *Quand les Significateurs sont* matutins, *ils donnent la hauteur à la stature, parce qu'ils sont en croissance*[2].

RÈGLE : *Quand les Significateurs sont rétrogrades, ils donnent au corps une certaine laideur, un manque de proportion ou d'harmonie.*

RÈGLE : *Le Scorpion, le Sagittaire et les Poissons donnent au corps une beauté médiocre, surtout si Vénus se rencontre dans ces signes*[3].

[1] Une planète jouant un rôle dans la constitution ou la vie d'un individu est un *Significateur;* quand elle paraît avoir une influence générale sur ce même individu, elle est dite *Significateur principal.*

[2] Un astre est *matutin* quand il se trouve entre l'Horizon oriental et le Milieu du Ciel; il est *vesperin* entre le Milieu du Ciel et l'Horizon ouest.

[3] Il faut que l'Ascendant se trouve dans ces signes ou que Vénus soit Maître de l'Ascendant et placée dans ces signes.

Règle : *Si le Maître de l'Ascendant*[1] *est un bénéfique, il signifie que le sujet sera beau, bien fait et sain de corps pendant toute sa vie ; s'il est maléfique, il dénote le contraire.*

X. — DES NŒUDS ASCENDANT ET DESCENDANT DE LA LUNE

Les Nœuds de la Lune[2] ne sont pas des planètes, mais des points du Zodiaque : ce sont les intersections des chemins du Soleil et de la Lune.

Cependant, à l'instar des planètes, ils ont leur Exaltation et leur Chute. L'Exaltation du Nœud Ascendant est au 3° des Gémeaux et sa Chute au même degré du Sagittaire.

L'Exaltation du Nœud Descendant est de même au 3° du Sagittaire et sa Chute au 3° des Gémeaux.

Il faut se rappeler que lorsque la conjonction ou l'opposition des Luminaires a lieu dans les Nœuds, ou auprès, à moins de douze degrés, une éclipse se

[1] Le texte dit *Dominus*, tout court ; il faut donc entendre non seulement le Maître de l'Ascendant, mais le Maître du lieu où se trouvent les Significateurs.

[2] L'auteur emploie les expressions vétustes de Tête et Queue du Dragon.

Ces points sont en abrégé représentés par les signes suivants :

Le Nœud Ascendant........................ ☊
Le Nœud Descendant....................... ☋

produit : elle est de Soleil en conjonction et de Lune en opposition.

Voici la nature de ces deux points de l'écliptique :

1° *Le Nœud Ascendant* est bénéfique avec les planètes bénéfiques, maléfique avec les maléfiques ; il *augmente*, en conjonction, les bons influx des bénéfiques et les mauvais des maléfiques ;

2° *Le Nœud Descendant* est de nature particulièrement contraire au précédent : il est maléfique avec les planètes bénéfiques et bénéfique avec les maléfiques, c'est-à-dire qu'il *diminue* les bons influx des bénéfiques et les mauvais des maléfiques.

LIVRE QUATRIÈME

ÉRECTION DU THÈME CELESTE

I. — PRINCIPE DES MAISONS ASTROLOGIQUES

Il existe six grands cercles qui se coupent entre eux et passent par les points équinoxiaux ; ils sont divisés en douze parties égales. Le Zodiaque lui-même se trouve aussi réparti en douze portions, mais inégales : ce sont les Maisons astrologiques.

Ces six grands cercles se nomment : le Méridien, l'Horizon, l'Equateur, le Zodiaque et les deux Colures [1]. Ils sont disposés de la façon suivante :

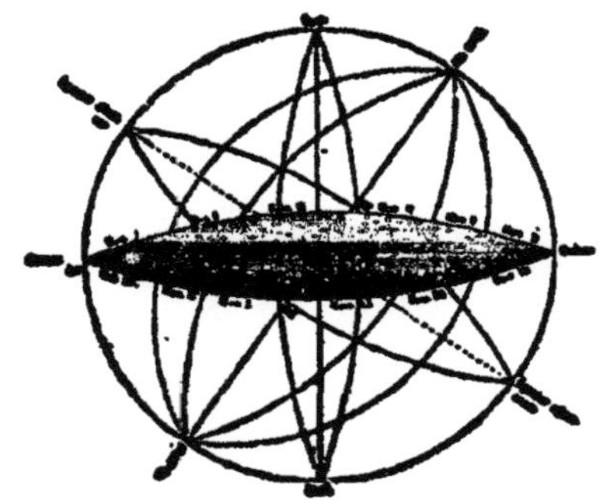

[1] Ce sont les deux grands cercles qui passent par les pôles et contiennent l'un les deux solstices, l'autre les deux équinoxes.

Cependant, ceux qui exposent les principes des Maisons ne tiennent généralement compte que du Zodiaque, du Méridien et de l'Horizon. Ils disposent alors ainsi le thème céleste :

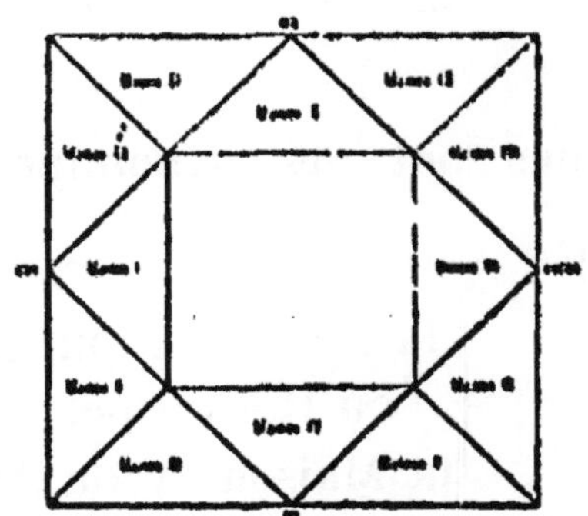

Cette disposition montre que la moitié des Maisons est placée *sous* terre et occupe l'intervalle nocturne, tandis que l'autre est *sur* terre et visible.[1]

[1] Jusqu'à ces dernières années les astrologues disposaient ainsi leurs thèmes célestes. C'est le plan de la *Jérusalem Nouvelle*, dont il est parlé dans l'Apocalypse de St Jean, et par conséquent une figure ésotérique au premier chef. Mais aujourd'hui on préfère disposer un thème selon un cercle divisé en douze parties égales correspondant chacune à une Maison Astrologique. C'est aussi une manière défectueuse car elle ne donne pas à première vue la valeur d'un thème. Il est préférable de se servir d'une carte de la région équatoriale du ciel en projection de Mercator sur laquelle on peut *piquer* les astres selon leur ascension droite et leur déclinaison, et sur l'écliptique de laquelle on peut noter les pointes des Maisons. On peut encore employer une feuille de papier sur laquelle on trace douze colonnes verticales divisées chacune par trente lignes horizontales : on aura ainsi le Zodiaque découpé par signes de trente degrés.

II. — DISPOSITION GÉNÉRALE DES MAISONS ASTROLOGIQUES

Les Maisons ont des dénominations variées.

Sont dites :

1° Cardinales	la Maison I ou Angle d'Orient ou Horoscope. la Maison IV ou Angle de Nuit, la Maison VII ou Angle d'Occident, la Maison X ou Angle de Jour ou Milieu du Ciel.
2° Succédentes	la Maison II, la Maison V, la Maison VIII, la Maison XI,
3° Cadentes	la Maison III, la Maison VI, la Maison IX, la Maison XII,

Toutes ces Maisons présentent entre elles des différences et des particularités dans leur nature et leurs dispositions.

D'abord, les Planètes sont plus puissantes dans les Maisons cardinales, plus débiles que dans ces dernières dans les Maisons succédentes et enfin plus débiles encore dans les Maisons cadentes.

III. — SIGNIFICATION DES MAISONS ASTROLOGIQUES

La Maison I traite

- de la vie ;
- de la complexion physique ;
- des dispositions morales ;
- des Maitres de la Triplicité qui indiquent :
  - *le premier :* la vie et la nature du sujet, les préférences et le début de sa vie ;
  - *le second :* la vie, la constitution, les forces corporelles ; le milieu de l'existence ;
  - *le troisième :* les mêmes significations que le premier ; la fin de l'existence.

La Maison II traite :
- des biens ;
- des richesses ;
- des propriétés ;
- des Maîtres de la Triplicité qui indiquent :
  - *le premier :* le commencement de l'existence ;
  - *le second :* le milieu de l'existence ;
  - *le troisième :* la fin de l'existence.

La Maison III traite :
- des frères ;
- des sœurs ;
- des cousins ;
- des amis ;
- des changements ;
- des petits voyages ;
- de la foi ;
- de la religion ;
- des Maîtres de la Triplicité qui indiquent :
  - *le premier :* les frères aînés ;
  - *le second :* les frères puînés ;
  - *le troisième :* les frères cadets[1].

[1] Au moyen âge on a résumé en ce vers mnémonique les significations de toutes les Maisons Astrologiques :

Vita, lucrum, fratres, genitor, nati, valetudo,
Uxor, mors, pietas, regnum, benefactaque carcer.

La Maison IV traite
- des parents [1] ;
- des maisons ;
- des terres ;
- des héritages anciens, mais non héritages de morts ;
- des biens immobiliers, tels que : châteaux, etc.
- des trésors cachés ;
- de tous les morts ;
- de la fin des choses ;
- des Maîtres de la Triplicité qui indiquent :
  - *le premier :* les parts ;
  - *le second :* les châteaux et les cités ;
  - *le troisième :* la fin ou la mort des choses.

La Maison V traite
- des enfants légitimes et illégitimes ;
- des affections ;
- des missions ;
- du retour dans la patrie ;
- des Maîtres de la Triplicité qui indiquent :
  - *le premier :* la vie des enfants ;
  - *le second :* les affections ;
  - *le troisième :* les missions.

[1] Le père et la mère, les aïeux.

La Maison VI traite

- des infirmités ;
- des esclaves et serviteurs ;
- des animaux et des troupeaux ;
- de leur nombre ;
- des Maîtres de la Triplicité qui indiquent :
  - *le premier :* les infirmités et maladies ;
  - *le second :* les serviteurs ;
  - *le troisième :* les produits et profits tirés des serviteurs et des troupeaux ; leur nombre.

La Maison VII traite

- des mariages ;
- des femmes ;
- des procès et discussions ;
- des guerres ;
- des vols ;
- des ennemis ;
- du milieu de la vieillesse ;
- de la vente et de l'achat des maisons ;
- des Maîtres de la Triplicité qui indiquent :
  - *le premier :* les femmes ;
  - *le second :* les procès et discussions ;
  - *le troisième :* les ennemis.

La Maison VIII traite
- de la mort ;
- du travail ;
- de la tristesse ;
- des héritages des morts ;
- des Maîtres de la Triplicité qui indiquent :
  - *le premier :* la mort ;
  - *le second :* les préceptes et les antiquités ;
  - *le troisième :* les héritages des morts.

La Maison IX traite
- de la religion ;
- de la foi ;
- de la vision ;
- de la sagesse ;
- de la religiosité ;
- du culte ;
- des propos ;
- des songes ;
- des ambassades ;
- du milieu de l'existence ;
- des longs voyages ;
- des Maîtres de la Triplicité qui indiquent :
  - *le premier :* les voyages ;
  - *le second :* la foi, la religion ;
  - *le troisième :* la signification des songes.

La Maison X traite

- des commandements ;
- des dignités ;
- des offices ;
- des professions ;
- des biens et des choses volées ;
- des Maîtres de la Triplicité qui indiquent :
  - *le premier :* les œuvres de l'enthousiasme ;
  - *le second :* la voix et l'autorité du commandement ;
  - *le troisième :* la stabilité des dignités.

La Maison XI traite

- de la fortune ;
- des espérances ;
- de la confiance ;
- des amis ;
- des Maîtres de la Triplicité qui indiquent :
  - *le premier :* la confiance ;
  - *le second :* le travail ;
  - *le troisième :* les résultats du travail.[1]

[1] L'étudiant méditera attentivement toutes ces significations des Maisons Astrologiques ; elles lui feront comprendre la grande théorie du cercle d'après laquelle elles sont faites.

La Maison XII traite
- des ennemis cachés ;
- des envieux ;
- des trompeurs ;
- des ennuis ;
- des prisons ;
- des mauvaises résolutions ;
- des biens et des maux provenant des femmes ;
- des Maîtres de la Triplicité qui indiquent :
  - *le premier :* les ennemis cachés ;
  - *le second :* les travaux et les prisons ;
  - *le troisième :* les animaux.

IV. — DU SEIGNEUR D'UNE MAISON ASTROLOGIQUE

On appelle Seigneur ou Dominateur ou, comme les Arabes, *Almuten* [1], d'une Maison la planète qui y possède plusieurs Dignités et Puissances de préférence à toutes les autres. On le découvre par l'analyse et l'examen attentifs du Thème céleste.

Exemple :

Je veux connaître le Seigneur de la Maison I, dite aussi Ascendant ou Horoscope ; je m'enquiers

[1] On dit encore Maître.

d'abord dans quel signe et dans quel degré de signe cette Maison se trouve ; je me reporte ensuite au Livre III de ce traité où sont indiqués pour chaque signe et pour chaque degré de signe les Dominateurs ou planètes qui y sont puissantes ; et je prendrai pour Seigneur de cette Maison I la planète qui aura à ce degré le plus de Puissances et de Dignités.

Soit la pointe d'un Ascendant à 10° des Gémeaux, je trouverai que Mercure y a d'abord 5 dignités parce que c'est son Domicile (voir le § 1 du chapitre de Mercure), ensuite 3 parce que c'est sa Triplicité (voir au même endroit), puis 2 parce que c'est son Terme (voir § 2 dudit chapitre) ; et ne rencontrant aucune autre planète qui puisse l'équivaloir en dignités, j'en conclurai qu'il est le Seigneur de ce lieu. Je raisonnerai de même pour la planète qui se trouvera à l'Ascendant : elle en sera déclarée Seigneur si elle n'est pas à plus de 3 ou 4 degrés de la pointe de la Maison I et si elle possède seulement deux dignités, ou si placée dans un lieu où elle possède ces deux dignités au moins, elle regarde seulement la pointe de la Maison I.

S'il n'y avait aucune planète qui regardât l'Ascendant, ou s'il y en avait deux, je prendrais la plus puissante dans le Thème, c'est-à-dire de préférence celle qui se trouve dans une Maison angulaire plutôt que celle dans une Maison succédente, et plutôt cette dernière que celle dans une Maison cadente.

Si, dans ce cas, deux planètes ont le même total de dignités, je choisirais celle qui est la mieux située, c'est-à-dire la masculine dans un Degré Masculin, la féminine dans un Degré Féminin, celle dans un Degré Lumineux, de préférence à celle dans un Degré Ténébreux, ou dans un Degré Vide, de préférence à celle dans un Degré Infernal et celle en ce dernier lieu, de préférence encore à celle en Azemen.

Si, malgré cette analyse, deux planètes se trouvent encore égales en dignités, les Maisons dans lesquelles elles sont placées trancheront entre elles.

V. — DISPOSITION DES SIGNES ZODIACAUX A L'HEURE DE MIDI[1]

Avant tout, il faut remarquer que les Astrologues emploient principalement deux *temps* : le *Midi* et l'*Après-Midi*. Le Midi est le moment où le Soleil, dans sa course, partage exactement le jour en deux

[1] Pour tout ce qui a trait à l'érection du thème astrologique, l'auteur emploie une méthode abandonnée aujourd'hui ; construire un thème astrologique, c'est établir une carte schématique du ciel pour un instant donné ; c'est un problème d'astronomie pure, et cette science est bien plus perfectionnée aujourd'hui qu'à l'époque de Robert Fludd ; voir la formule donnée dans l'Avant-Propos.

parties, c'est-à-dire le moment où il se trouve sur la verticale du lieu, — sur le cercle méridien [1].

Lorsqu'on veut ériger un Thème céleste pour l'heure exacte de Midi, c'est-à-dire pour le moment où le Soleil est au milieu du jour, et que l'on veut répartir dans un schéma les signes zodiacaux avec leur position réelle, il faut d'abord construire une figure, puis s'enquérir du lieu zodiacal où le Soleil est placé, c'est-à-dire du signe, des degrés et minutes que le Soleil occupe à ces jour et heure. On trouvera ces renseignements dans les Ephémérides [2] appropriées. Le signe et le degré du Soleil cherchés constitueront le lieu de la pointe de la Maison X. On se reportera ensuite à des tables spéciales qui donneront la correction pour la hauteur polaire de la région ou de la ville en question. Des tables donnent aussi, pour chaque latitude, la position des Maisons XI, XII, I, II, III ; on n'aura qu'à relever les degrés et minutes indiqués. En ajoutant 180° à ces derniers chiffres,on obtiendra exactement la position des Maisons opposées. Et ainsi se trouvera préparée la figure céleste pour recevoir les planètes à leur degré et signe voulus, à cette heure de Midi.

[1] C'est le midi vrai des astronomes, par opposition au midi moyen ou midi arbitraire des horloges.

[2] Soit pour la France, la Connaissance des Temps et l'Annuaire du Bureau des Longitudes.

VI. — PLACEMENT DES PLANÈTES DANS LE THÈME ASTROLOGIQUE

Il n'est ni difficile ni fastidieux de chercher la place des planètes si on connaît le mois et le jour pour l'année donnée. On la trouvera dans des tables spéciales où, pour chaque jour, sont indiqués les signes avec les degrés et minutes, repérés pour l'heure de Midi. On n'aura donc, si l'on érige un thème pour ce moment-là, qu'à les reporter sur le schéma dans le compartiment voulu ; mais si l'on érige un thème pour une heure autre que Midi, il faudra faire les calculs indiqués § VIII.

Exemple :

Soit à dresser un thème pour le 2 mai 1601, midi, à Londres.

Je trouve le Soleil à 20°24′ du Taureau et parce que la hauteur polaire[1] est à Londres de 51°, je prendrai sur les tables la correction indiquée pour cette latitude. Si les tables ne contenaient rien concernant la latitude cherchée, je devrais prendre la correction pour la latitude immédiatement inférieure.

Ainsi, les tables me donnent les corrections pour

[1] La latitude géographique est égale à la hauteur polaire.

une hauteur polaire de 50°, ce sont celles-là que je choisirais dans l'exemple. Le Soleil se trouvera donc à 20° du Taureau et à la pointe de la Maison X. Je procèderai de même pour les autres planètes. Quant aux Maisons, j'aurai la XII à 2°21′ du Cancer et avec correction à 5°49′ du Lion, la I à 29°38′ du Lion, la II à 20°27′ de la Vierge, etc.

Nota : *Les signes zodiacaux se trouvent opposés dans l'ordre suivant :*

♈	♉	♊	♋	♌	♍
♎	♏	♐	♑	♒	♓

VII. — ÉRECTION DU THÈME POUR UNE HEURE QUELCONQUE AUTRE QUE MIDI

Le temps Après-Midi est celui qui se compte depuis un passage du Soleil au Méridien jusqu'au passage suivant ; c'est celui qui divise le jour naturel en 24 heures. [1]

Si le temps pour lequel le thème doit être dressé est de cette nature, il faut d'abord chercher dans les tables le signe et le degré dans lequel se trouve le Soleil cette année, ce mois, ce jour, puis faire la correction nécessitée par la hauteur polaire du lieu géographique. A ces données, on devra alors ajouter le temps écoulé depuis midi, en tenant

[1] C'est le temps astronomique.

compte de ce que le Soleil, en six heures, parcourt environ 15 minutes du degré d'un signe, soit le quart d'un degré. Si donc, au lieu de calculer les Ascensions Droites en degrés, on les calcule en heures et que l'on ajoute à ces dernières le temps écoulé depuis midi, pour l'instant du thème, il faudra avoir soin, chaque six heures, d'ajouter une minute de temps, parce que le quart d'un degré de l'équateur correspond à une minute de temps sidéral [1].

On ne devra pas oublier que chaque fois que dans un calcul d'heures on trouve un chiffre supérieur à 24, on retranche 24 heures.

Chaque fois aussi que les tables ne contiennent pas un chiffre cherché, il convient de prendre celui qui est immédiatement inférieur, afin d'avoir une moins grande erreur.

On établira, enfin, de la même manière que pour la Maison X, les pointes des Maisons XI, XII, I, II, III et par simple correspondance on aura les Maisons opposées.

Il n'y aura plus qu'à placer les planètes dans le schéma ainsi dressé pour cette heure après-midi.

[1] Parce que la rotation de la terre sur elle-même, mesurée par le temps sidéral, fait en apparence parcourir à un point quelconque du ciel 15 degrés à l'heure, soit 15 minutes d'un degré en une minute d'heure.

Tout ce passage qui a trait aux calculs astronomiques, soit les chapitres V, VI, VII, VIII, n'a pas été traduit littéralement, il eut été incompréhensible.

VIII. — MANIÈRE DE PLACER LES PLANÈTES DANS UN THÈME DRESSÉ POUR UNE HEURE AUTRE QUE MIDI

On ne trouve pas dans les éphémérides la position des planètes pour une heure quelconque. Il faut donc chercher d'abord la position de chaque planète pour midi au jour donné et en même temps repérer celle pour le lendemain. On fait la différence entre les deux nombres en réduisant les degrés ou heures en minutes, pour la simplification des calculs. On divise ensuite cette différence par 24 pour avoir les heures et par 60 pour avoir les degrés.

Exemple :

Soit le Soleil ayant une vitesse de 59′ [1] et l'heure donnée étant $20^h\ 30'$.

Je réduis d'abord 20^h en minutes :

$$20 \times 60 = 1200$$

J'ajoute à ce nombre les 30′ :

$$1200 + 30 = 1230$$

[1] On aura trouvé ces 59′ en faisant la différence entre les Ascensions droites ou les Longitudes du Soleil des deux jours : celui pour lequel on opère et le suivant.

Je multiplie ensuite ce chiffre par le pas du Soleil, 59′ :

$$1230 \times 59' = 72570$$

Et je divise ce produit par 24 :

$$72570 : 24 = 3023\ 18/24$$

Et encore par 60 :

$$3023\ 18/24 : 60 = 50\ 23/60$$

$$\text{ou } 50'\ 23''$$

Ce qui nous donne le mouvement du Soleil pour l'heure demandée.

On procèdera de la même façon pour toutes les autres planètes.

Règle : *Quand le moyen mouvement horaire d'une planète est si faible qu'il ne s'étend pas jusqu'à une minute, on procède avec les secondes et les tierces de la même façon. C'est le cas de Saturne* [1].

Règle : *Quand il s'agit de planètes rétrogrades, au lieu d'additionner on soustrait.*

Il y a une autre méthode meilleure pour trouver le mouvement horaire d'une planète sans grande erreur ; elle est applicable aux astres lents ou rapides.

On prend le moyen mouvement pour 24 heures de midi au midi suivant ; on le transforme en minutes, en secondes et tierces. On le divise par 24

[1] Et aussi d'Uranus et de Neptune.

pour avoir la valeur de ce mouvement en une heure, et on multiplie le nombre trouvé par le nombre d'heures écoulées entre midi et l'instant donné. On peut encore aussi faire une règle de trois pour aller plus vite.

Exemple :

La différence entre deux positions du Soleil consécutives de midi à midi pour le 15 janvier 1615 est de 61′, soit 1° 1′.

Je divise 61 par 24, soit 61 : 24 = 2′ 13″, etc...

Exemple complet de l'érection d'un thème astrologique avec placement des planètes pour une heure donnée autre que midi.

Soit le 15 janvier 1515, 7h 30′ après-midi à Londres.

Les éphémérides donnent à cette date pour midi, la position du Soleil à 24° 40′ du Capricorne.

Les tables donnent, pour la hauteur polaire de Londres, les 24° 40′, à 19h 44′ d'Ascension droite.

J'ajoute à ce chiffre les 7h 30′ du temps écoulé depuis midi, ce qui me donne 26h 74′ ou 27h 14′.

Puisque 27 heures contiennent presque quatre fois 6 heures, je leur ajoute 4 minutes ; j'ai alors 27h 18′.

Mais comme 27h est plus grand que 24, je retranche cette dernière quantité et il me reste 3h 18′.

Je n'ai plus qu'à me reporter aux tables spéciales et à opérer comme il a été dit pour l'érection du thème à midi.

On trace alors une figure, ou schéma céleste, et on y place les planètes calculées selon la méthode exposée [1].

[1] L'exemple est écourté. Il semble que l'auteur soit ennuyé d'entrer dans ces détails purement mécaniques qui conduisent à l'érection du thème; le lecteur fera bien de se reporter à la formule que le traducteur a cru devoir donner à la fin de son Avant-Propos.

LIVRE CINQUIÈME

PRÉDICTION DU TEMPS

I. — SUR LES CHANGEMENTS DE TEMPS EN GÉNÉRAL

Pour raisonner avantageusement sur le temps, il faut considérer trois facteurs :

PREMIÈREMENT. — L'ÉPOQUE DE L'ANNÉE

1°. *En général :*

a) l'année elle-même en totalité.

b) l'année en partie :

I. Par saisons : printemps.
été.
automne.
hiver.

II. Par mois.

2°. *En particulier :*

a) la semaine.
b) le jour.
c) l'heure.

DEUXIÈMEMENT. — LE LIEU GÉOGRAPHIQUE

TROISIÈMEMENT. — LES ASPECTS CÉLESTES

1°. *Des étoiles fixes.*
2°. *Des planètes.*

II. — DES CHANGEMENTS DE TEMPS CONSIDÉRÉS PENDANT L'ANNÉE ENTIÈRE ET PENDANT LES SAISONS ET LES MOIS

Les aspects du temps que l'on peut prévoir par la disposition des astres sont nombreux ; nous ne pourrons en examiner utilement que quelques-uns et encore rapidement et en peu de mots. Nous commencerons par les généralités, pour entrer peu à peu dans les particularités.

Nous étudierons d'abord l'année dans sa totalité. Aussi bien elle comprend toutes ses autres subdivisions.

Il n'est pas difficile, en érigeant soigneusement un thème pour l'Ascendant exact de l'année, de préjuger avec compétence les éléments et la nature des changements du temps et des perturbations générales. On doit donc, si l'on désire savoir ce qui arrivera dans le monde en fait de pluies, vents, chaleur, sécheresse ou froid, établir l'Ascendant de l'année, relever la place des planètes et examiner attentivement celle d'entre ces dernières qui est puissante et qui domine; — la chose est simple. Si ce Dominateur est fortuné, le temps sera propice ; si au contraire il est infortuné, le temps sera troublé et maussade. Nous avons donné dans les Livres précédents la manière de trouver la planète puissante dans un thème, c'est-à-dire le Dominateur, celle qui possède plusieurs dignités, ou témoignages, dans un thème dressé pour un temps donné.

Il est évident que, si les Planètes Froides sont très puissantes et placées dans des Signes Froids, le temps général de l'année sera froid. Ce temps sera plutôt sec ou plutôt humide selon que la planète Dominateur, parmi ses Dignités essentielles, sera en un signe de sa nature : ainsi le temps sera plus sec qu'humide si Saturne est dans le Capricorne, et plus humide que sec si la Lune est dans le Cancer, ou encore dans un signe d'Eau. De même, si une Planète Chaude est Dominateur et si elle se trouve dans un Signe Chaud, le temps général sera chaud, mais plutôt sec si Mars, Dominateur, par exemple, se trouve dans le Bélier, le Lion ou le Sagittaire, ou plutôt humide, si Jupiter ou bien Vénus, Dominateurs, se trouvent dans les signes d'Air.

On comprend de quelle façon il faut raisonner pour arriver à être un astrologue météorologiste consommé.

Si plusieurs planètes sont conjointes en signes d'Eau, dans le thème de l'année, il y a présomption d'abondance de pluie ; si cette conjonction a lieu en signes de Feu, elle indique un excès de chaleur et de sécheresse ; si elle se passe en signes d'Air, elle annonce beaucoup de vents, gelées, froidures et neiges.

Il en est de même pour chaque saison et chaque mois. Si les planètes sont dans les Signes Froids, elles indiquent la surabondance et la rigueur du froid. Si Mars ou Saturne est Dominateur, sauf de tout regard d'une planète bénéfique [1], il y aura présomption de guerre et de dévastation, surtout si Mars est dans son Domicile estival [2] ; tandis que si Mars est dans quelque Domicile de Mercure il n'annonce que la surabondance des pluies et des épidémies.

Il faut noter que la sécheresse rigoureuse, la stérilité de la terre et la disette générale, ne se produisent que dans le cas de Conjonction de planètes en signes de Feu.

[1] Il convient de rappeler ici qu'une planète est également bénéfique quand elle commande dans le thème à des endroits bénéfiques.

[2] Le Bélier.

III. — DES CHANGEMENTS DE TEMPS PAR SEMAINES, PAR JOURS ET PAR HEURES

Quand on veut prédire pour une semaine quelconque, les changements de temps, il faut s'inquiéter d'abord de savoir si cette semaine précède la Conjonction, l'Opposition ou la Quadrature de la Lune avec le Soleil ; on érige ensuite un thème pour l'heure de l'aspect (les aspects ont été étudiés au chapitre de Saturne) [1] puis, le thème érigé, on observe le Dominateur et surtout la planète qui possède plusieurs dignités dans les angles du ciel [2] et aux lieux du Soleil et de la Lune : cette planète est le *Disposant ;* enfin, on considère également avec soin les signes dans lequel se trouvent et le Dominateur et la planète qui s'y applique par conjonction ou autre aspect ; et selon les qualités de chacun des facteurs, on prédit les changements de temps.

J'ai fait un très exact travail de ce genre, il y a sept ou huit ans, lorsque sévissait une fort gelée : à cette époque un riche cavalier me demanda, au nom de notre parenté,— il avait épousé ma sœur,—

[1] Voir page 121.

[2] Ouest, Est, Milieu du Ciel, Fond du Ciel.

si je pouvais, à l'aide de ma science astrologique, prédire le changement de temps et le dégel. Je dressai le thème et je trouvai que la plupart des planètes étaient placées autour de Saturne dans son Domicile, soit au Capricorne, en une sorte de réception hospitalière [1] ; mais je remarquai que la Lune, jusqu'alors refroidie par Saturne, était à ce moment séparée de cet astre et que Mars avait une situation analogue, loin de tout contact du froid Saturne. Je calculai soigneusement l'époque exacte à laquelle Mars enverrait à la Lune un regard bénéfique et je trouvai que cet événement aurait lieu le jeudi suivant vers neuf heures du matin. Je prédis donc pour cet instant la fin de cette gelée opiniâtre et le dégel, ajoutant que ce dégel commencerait par une neige mélangée de pluie. En effet, Mars ne pouvait pas agir énergiquement sur la Lune, il était encore engourdi, et la Lune n'était pas prête à recevoir et à supporter les influx de Mars, son Humidité se trouvant encore congelée. Ce dégel était donc d'une part sous la domination de Saturne et d'autre part sous la chaude influence de Mars : Mars le commencerait, mais quelque peu des influx refroidissants de Saturne demeurerait encore dans l'atmosphère et la puissance de Mars ne pouvait ainsi

[1] Quand une planète était dans son Domicile et conjointe exactement ou par orbe avec une ou plusieurs autres, les anciens astrologues disaient qu'il y avait *réception* essentielle de ces dernières planètes par la première.

immédiatement prévaloir ; à la fin cependant cette dernière puissance devait être victorieuse et toute la neige devait se fondre en eau.

L'événement, du reste, confirma entièrement mes prévisions.

Il ressort de cet exemple que la philosophie naturelle doit être un aide constant en astrologie météorologique, comme en toute sorte d'astrologie du reste.

Néanmoins plusieurs règles existent concernant la prédiction astrologique du temps ; et parmi ces règles une des principales est celle-ci : *un événement futur est d'autant plus violent que les significateurs en sont nombreux et d'autant plus faible que les significateurs en sont rares* [1].

IV. — DES CHANGEMENTS DE TEMPS SELON LES LIEUX GÉOGRAPHIQUES

Il est avéré, — l'expérience le prouve, — que tandis que la chaleur règne sur certaines régions, le froid envahit certaines autres. Les causes de ce fait sont à la fois patentes et cachées : ainsi sont patentes les causes du froid et de la gelée qui rè-

[1] L'admirable exemple de raisonnement astrologique que donne l'auteur et les réflexions qui l'accompagnent s'appliquent à la science tout entière.

gnent généralement dans les régions polaires, et de la chaleur qui prédomine dans les contrées tropicales ; mais par contre sont cachées les causes de la fréquence des troubles atmosphériques dans certains pays, par exemple celles des tempêtes et des cyclones aux îles Bermudes et aux Indes Occidentales, celles des vents violents et des tremblements de terre en Dalmatie, celles aussi des pluies dans différentes îles.

Or les régions gouvernées par des Astres Chauds sont plus particulièrement que les autres en proie à la chaleur et aux perturbations atmosphériques ; tandis que celles gouvernées par des Astres Froids sont de préférence sujettes au froid.

Mais on peut parfaitement connaître les planètes qui régissent les contrées, par les climats dans lesquels ces contrées se trouvent ; seulement, plusieurs pays déterminés sont sous la domination également des étoiles, ce qui produit chez eux une différentiation profonde dans leur nature.

Il est donc préférable de se reporter à la classification suivante :

Le Bélier gouverne :

Parmi les pays :

La Syrie ;
La Palestine ;
La Gaule ;

La Bretagne française ;
La Grande-Bretagne ;
L'Allemagne ;
La Suède ;
La Pologne inférieure ;
La Silésie supérieure.

Parmi les villes :

Naples ;
Capoue ;
Ancône;
Ferrare ;
Florence ;
Vérone ;
Bergame ;
Lindau ;
Utrecht ;
Brunswick ;
Cracovie.

Le TAUREAU gouverne :

Parmi les pays :

La Parthie ;
La Médie ;
La Perse ;
Les îles de l'Archipel ;
Chypre ;
Les côtes de l'Asie Mineure ;

La Russie blanche ;
La Pologne supérieure ;
La Suède ;
L'Irlande ;
La Lorraine ;
La Campanie ;
La Suisse ;
La Rethie ;
La Franconie.

Parmi les villes :

Burgos (Espagne);
Bologne ;
Sinigaglia ;
Mantoue ;
Tarente ;
Palerme ;
Pérouse ;
Parme ;
Brescia ;
Zurich ;
Lucerne ;
Metz ;
Würtzbourg ;
Leipsick ;
Posen ;
Novgorod.

Les Gémeaux gouvernent :

Parmi les pays .

L'Hyrcanie ;
L'Arménie ;
La Cyrénaïque ;
L'Egypte inférieure ;
La Sardaigne ;
Une partie de la Lombardie ;
La Flandre ;
Le Brabant ;
Le duché de Wurtemberg.

Parmi les villes :

Cordoue ;
Viterbe ;
Turin ;
Reggio ;
Louvain ;
Bruges ;
Londres ;
Mayence ;
Bamberg ;
Nuremberg ;
Villach.

Le Cancer gouverne :

Parmi les pays :

La Numidie ;
L'Afrique ;

La Bithynie ;
La Phrygie ;
La Colchide ;
Carthage ;
Le royaume de Grenade ;
Le royaume de France ;
L'Ecosse ;
Le duché de Bourgogne ;
La Hollande ;
La Zélande ;
La Prusse.

Parmi les villes :

Constantinople;
Venise ;
Gênes ;
Lucques ;
Pise ;
Milan ;
Vicence ;
Berne ;
Trêves ;
York ;
Lübeck ;
Magdebourg ;
Gorlitz.

Le Lion gouverne :

Parmi les pays :

La Phénicie ;
La Chaldée ;
Les Alpes ;
L'Italie ;
La Sicile ;
L'Apulie ;
Le royaume de Bohême ;
Une partie de la Turquie ;
La Sabine.

Parmi les villes :

Syracuse ;
Rome ;
Ravenne ;
Crémone ;
Ulm ;
Prague ;
Lintz.

La Vierge gouverne :

Parmi les pays :

La Mésopotamie ;
La Babylonie ;
L'Assyrie ;
L'Achaïe ;
La Grèce ;
La Croatie ;

La Carinthie ;
Le duché d'Athènes ;
Une partie du Rhin ;
La Silésie Inférieure.

Parmi les villes :

Jérusalem ;
Corinthe ;
Rhodes ;
Brindisi ;
Toulouse ;
Lyon ;
Paris ;
Bâle ;
Heidelberg ;
Erfürt ;
Breslau.

La BALANCE gouverne :

Parmi les pays :

La Bactriane ;
La Troglodiaque ;
L'Ethiopie ;
La Toscane ;
La Savoie ;
Le Dauphiné ;
L'Alsace ;
La Livonie ;
L'Autriche.

Parmi les villes :

Lisbonne ;
Plaisance ;
Fribourg-en-Brisgau ;
Geuthin ;
Spire ;
Francfort-sur-le-Mein ;
Halle (Souabe) ;
Heibronn ;
Freisingen ;
Mosbach ;
Landshut ;
Vienne (Autriche).

Le SCORPION gouverne :

Parmi les pays :

La Cappadoce ;
La Judée ;
L'Idumée ;
La Mauritanie ;
La Norvège ;
La Suède Occidentale ;
La Bavière supérieure.

Parmi les villes :

Alger ;
Valence (Espagne) ;
Trébizonde ;

Aquilée ;
Trévise ;
Padoue ;
Fréjus ;
Messine ;
Monaco.

Le SAGITTAIRE gouverne :

Parmi les pays :

L'Arabie heureuse ;
La Celtique ;
L'Espagne ;
La Dalmatie ;
La Slavonie ;
La Hongrie ;
La Moravie ;
La Misnie.

Parmi les villes .

Tolède ;
Narbonne ;
Cologne ;
Stuttgard ;
Rotembourg ;
Buda.

Le CAPRICORNE gouverne :

Parmi les pays :

L'Inde ;
La Gédrosée ;

La Macédoine ;
L'Illyrie ;
La Thrace ;
L'Albanie ;
La Bulgarie ;
La Grèce ;
La Lithuanie ;
La Saxe ;
Hesse ;
La Thuringe ;
Les marches de Styrie ;
Les îles Orcades.

Parmi les villes :

Julliers ;
Bergen ;
Malines ;
Oxford ;
Brandebourg ;
Augsbourg ;
Constance.

Le VERSEAU gouverne :

Parmi les pays :

La Sogdiane ;
L'Arabie déserte et pétrée ;
La Sarmatie ;
La Valachie ;
Une partie de la Russie ;

Le Danemark ;
La Suède méridionale ;
La Westphalie ;
Le Piémont ;
Une partie de la Bavière.

Parmi les villes :

Hambourg ;
Brême ;
Montferrat ;
Trente ;
Salzbourg ;
Ingolstadt.

Les Poissons gouvernent :

Parmi les pays :

La Lydie ;
La Pamphilie ;
La Cilicie ;
La Calabre ;
Le Portugal ;
La Normandie.

Parmi les villes :

Alexandrie ;
Séville ;
Compostelle ;
Rouen ;
Worms ;
Ratisbonne.

V. — COMMENT CONTRIBUENT AUX CHANGEMENTS DE TEMPS LES ÉTOILES FIXES ET LES PLANÈTES

Parmi les signes du Zodiaque, il y en a qui provoquent de préférence les notables changements de temps, tels que le Cancer, le Scorpion, les Poissons ; mais, de même que n'importe quel autre signe, ils n'opèrent leurs diverses modifications atmosphériques, en quelque région que ce soit, qu'avec l'aide d'une planète quelconque. Nous le verrons plus loin quand nous traiterons des planètes au point de vue météorologique.

Parmi les Planètes, il y en a qui président particulièrement aux variations de l'état de l'atmosphère, tel est notamment Mercure ; mais chacune des Planètes concourt au changement tout entier du temps. La poursuite du raisonnement le fera comprendre.

Saturne, seul Dominateur, produit la sécheresse, d'autant plus grande que la nature du signe où il se trouve lui convient. Cependant, si la Lune, après sa Conjonction avec le Soleil, gagne un aspect de Saturne, les nuages couvrent la terre et souvent si dru qu'ils se résolvent en pluie.

Jupiter, seul Dominateur, produit un temps clair

et serein. Toutefois, si la Lune, après avoir été en Conjonction ou autre Aspect avec le Soleil, s'applique à Jupiter, des nuages blancs et rougeâtres se montreront ; et selon que la position des autres planètes dénote l'humidité ou la sécheresse, selon aussi que la Lune se trouve en signe Humide ou Sec, il y aura pluie ou vent. La violence de ces derniers sera d'autant plus grande que la Lune, après s'être appliquée à Jupiter, se dirigera vers la Conjonction de Mercure ou de Vénus.

Il faudrait raisonner de même si, après une Conjonction ou Application avec Saturne, la Lune croîtrait ou gagnerait une Application de Vénus ou de Mercure [1].

Mars, seul Dominateur, augmente en été la chaleur et diminue en hiver le froid ; en autres saisons, il augmente toujours la chaleur. Mais si la Lune, après Conjonction ou Application avec le Soleil, se dirige vers une Application de Mars, l'atmosphère se chargera de nuages souffrés et un orage éclatera accompagné d'éclairs et de tonnerre. La violence en sera d'autant plus grande que la Lune, une fois séparée de Mars, gagnera Mercure.

Vénus, unique Dominateur, augmente l'humidité en hiver et au printemps ; en été et à l'automne, elle change le temps sec et humide. Si la

[1] Cette phrase se rapporte à l'alinéa précédent concernant Saturne : on dit que la Lune croît lorsqu'elle va vers le Soleil.

Lune, après s'être séparée du Soleil, s'applique Vénus, une pluie fine et ténue tombera, et elle durera d'autant plus que la Lune, après son Application avec Vénus, se dirigera vers Mercure.

Mercure, seul Dominateur, déchaîne les vents violents et rapides. Si la Lune, après sa séparation d'avec le Soleil, se dirige vers Mars, les averses et les pluies abondantes s'entremêleront et elles seront d'autant plus fortes que Mercure regardera Jupiter par un Aspect quelconque. Il en sera ainsi en toute saison, y compris l'hiver, pendant lequel Mercure préside au rassemblement des nuages.

La Lune, unique Dominateur et Disposant, lorsqu'elle se trouve en Exemption [1], après son Application au Soleil, occasionne de profonds changements de temps. Ceux-ci durent jusqu'au moment où elle s'applique à quelque autre planète ; et alors le temps s'améliorera ou empirera selon la nature de cette planète.

TABLEAU DES CHANGEMENTS DIURNES DU TEMPS

SATURNE fait le temps :

1° Au *Printemps*,

avec ☾ humide ;

— ☿ venteux et pluvieux ;

[1] Voir page 133.

avec ♀ pluvieux et froid ;
— ☉ pluvieux ;
— ♂ pluvieux et orageux ;
— ♃ troublé, humide.

2° En *Eté*,
avec ☾ humide et un peu moins chaud ;
— ☿ venteux avec averses ;
— ♀ pluvieux ;
— ☉ avec grêle et tonnerre ;
— ♂ avec grêle et tonnerre ;
— ♃ avec grêle et tonnerre.

3° En *Automne*,
avec ☾ nébuleux et givré ;
— ☿ venteux et nébuleux ;
— ♀ pluvieux et froid ;
— ☉ pluvieux et froid ;
— ♂ pluvieux et troublé ;
— ♃ venteux et pluvieux.

4° En *Hiver*,
avec ☾ nébuleux, neigeux ;
— ☿ troublé par les vents, neigeux ;
— ♀ pluvieux et neigeux.
— ☉ neigeux, nébuleux ;
— ♂ moins froid ;
— ♃ troublé.

JUPITER fait le temps :

1° Au *Printemps*,
avec ☾ d'une température moyenne ;
— ☿ avec grand vent ;

avec ♀ tempéré ;
— ♂ orageux et venteux ;

2° En *Eté*,

avec ☾ d'une température moyenne ;
— ☿ avec grand vent ;
— ♀ tempéré ;
— ☉ avec tonnerre ;
— ♂ avec tonnerre et tempête.

3° En *Automne*,

avec ☾ d'une température moyenne ;
— ☿ avec grand vent ;
— ♀ tempéré ;
— ☉ venteux ;
— ♂ troublé et venteux ;

4° En *Hiver*,

avec ☾ d'une température moyenne ;
— ☿ avec grand vent ;
— ♀ temperé ;
— ☉ légèrement froid.
— ♂ légèrement froid ;

Mars fait le temps :

1° Au *Printemps*,

avec ☾ moins humide et moins froid ;
— ☿ venteux et un peu nébuleux ;
— ♀ pluvieux ;
— ☉ venteux.

2° En *Eté*,

avec ☾ éclairs de chaleurs ;
— ☿ avec tonnerre ;

avec ♀ avec averses ;
— ☉ avec éclairs et tonnerre.

3° En *Automne*,

avec ☉ venteux.

4° En *Hiver*,

avec ♀ légèrement froid ;
— ☉ légèrement froid.

Le Soleil fait le temps :

En toute saison,

avec ☾ variable selon l'époque de l'année ;
— ☿ venteux et parfois humide, surtout dans les signes de vent et d'humidité ;
— ♀ { au *printemps*, pluvieux ; en *été*, nuageux et orageux ; en *automne*, pluvieux ; en *hiver*, humide.

Vénus fait le temps :

1° Au *Printemps*,

avec ☾ humide, nuageux ;
— ☿ venteux et humide avec parfois des nuages.

2° En *Eté*,

avec ☾ légèrement chaud ;
— ☿ venteux et humide et parfois nuageux.

3° En *Automne*,

avec ☾ chargé de nuages ;

avec ☿ venteux et humide et parfois nuageux.

4° En *Hiver*,

avec ☾ troublé et neigeux ;

— ☿ venteux et humide et parfois nuageux.

Mercure fait le temps :

avec ♀ venteux et nuageux.

VI. — DES ÉCLIPSES DE SOLEIL ET DE LUNE

Il y a, à proprement, parler, Conjonction entre deux planètes, lorsqu'elles se trouvent juxtaposées au même degré du même signe. Parmi ces Conjonctions, celles des luminaires qui se produisent aux points dénommés Nœuds de la Lune sont à retenir. Nous avons déjà parlé des Nœuds de la Lune. Les Conjonctions qui s'y produisent avec exactitude occasionnent les éclipses de Soleil.

Une éclipse de Soleil est particulièrement produite par l'interposition de la Lune entre le Soleil et la Terre. Tandis qu'une éclipse de Lune, au contraire, est produite par l'interposition de la Terre entre le Soleil et la Lune.

Or il y a des changements dans le temps et des perturbations dans les événements qui proviennent et dépendent du moment influencé par une éclipse.

Une éclipse de lune qui a lieu dans les signes de Froid annonce la rigueur du froid ; si elle se passe en signes d'Eau, elle provoque des pluies, à moins que l'on ne soit en hiver ou en été auquel cas elle produit une température normale.

Une éclipse de Soleil dans le Bélier indique la mort des rois et des puissants, la stérilité du sol et la famine ; il en est de même dans les autres signes de Feu. Dans les signes d'Eau, elle fait présumer une abondance de pluies et des désastres occasionnés par ces dernières.

On doit donc considérer très attentivement l'Ascendant du milieu de l'éclipse, son Seigneur et son degré exact, lequel porte le nom de *Degré de la Conjonction des luminaires*. Et ils sont maléfiques, ils signalent l'événement malheureux, la difficulté, la catastrophe, la mort des rois et des puissants ; tandis que s'ils sont bénéfiques, ils font présager le bonheur et la chance. Il faut aussi remarquer si l'éclipse a lieu dans les signes fixes, car elle dénote de longues maladies, ou dans les signes mobiles auquel cas les maladies seront de moindre durée.

RÈGLE : *Il faut noter et observer l'angle du ciel qui est le plus proche du lieu de l'éclipse et prendre comme Ascendant le signe dudit angle. Ainsi on aura, de l'avis de plusieurs auteurs, le sens et la signification de l'éclipse.*

Cette règle est tirée de Ptolémée, centiloque 96.

RÈGLE : *Il faut retenir le degré de l'Ascendant du milieu de l'éclipse, et quand le Soleil parviendra à ce degré du même signe, alors les événements annoncés par l'éclipse auront leur pleine exécution.*

RÈGLE : *Autant d'heures dure une éclipse de Soleil, autant d'années dureront ses influx. Pareillement autant d'heures dure une éclipse de Lune, autant de mois dureront ses effets.*

VII. — DES CONJONCTIONS ENTRE LES AUTRES PLANÈTES

La Conjonction des autres planètes produit des événements considérables, principalement celle des trois planètes supérieures dans le même Terme ou la même Face, lorsque le Soleil est en Aspect.

C'est la Grande Conjonction. Elle annonce la dévastation des climats, des royaumes et des régions, les changements qui s'y produiront et diverses catastrophes. Selon la qualité à la fois du Dominateur et de l'Aspect lui-même — surtout quand le Soleil ou quelque planète inférieure les aide, ce qu'il ne faut jamais perdre de vue — on juge si ce grand événement est bon ou mauvais. Si les planètes susdites sont en Conjonction dans leurs Exaltations, elles présagent un temps favorable et plusieurs guerres mouvementées et tumultueuses. Si cette Conjonction a lieu dans les Chutes et Détriments, elle dénote la sécheresse et la stérilité du sol, à moins que les planètes ne soient fortunées. Si la Conjonction se passe dans un signe de Feu elle signifie stérilité du sol ; dans un signe d'Eau, abondance de pluie ; dans un signe d'air, du vent ; dans un signe de Terre, du froid excessif, de la neige et des désastres ; dans un signe masculin, extermination des animaux de ce sexe et dans un signe féminin extermination de ceux du sexe opposé.

Il faut remarquer ici que les Grandes Conjonctions sont de trois sortes :

1° Celle de Jupiter et de Saturne dite *Majeure ;*

2° Celle de Saturne et de Mars dite *Moyenne ;*

3° Celle de Jupiter et de Mars dite *Mineure.*

I. — En *Conjonction Majeure*, si Saturne se trouve en Détriment il y a presage de malheurs ; en signes secs, de stérilité du sol ; en signes de Terre, de famine et d'extermination des femelles ; en signes d'Eau, d'abondance de pluies et d'épidémie.

II. — En *Conjonction Moyenne*, il y a signification de guerre et de lutte avec plus ou moins de gravité selon que le Seigneur de l'Ascendant est bénéfique ou maléfique.

III. — En *Conjonction Mineure* il y a pronostic de froid, neige, pluie, troubles atmosphériques et de guerre, à moins qu'une planète bénéfique ne s'interpose au moment de la Conjonction, sinon il y a aggravation. Si cette Conjonction se trouve dans le même Thème de l'année à l'Ascendant ou dans un quelconque des angles, elle annonce une révolution [1], à moins qu'une planète bénéfique ne la regarde.

RÈGLE : *Une planète bénéfique conjointe à une maléfique se trouve avoir sa puissance accrue. Une planète maléfique conjointe à une autre maléfique augmente le maléfice, à moins que la plus puissante des deux ne soit fortunée par la Conjonction.*
C'est là un secret que les astronomes n'avaient pas encore divulgué [2].

RÈGLE : *Il faut examiner l'Ascendant de toute Conjonction et chercher le Dominateur du Thème entier [3]. Si ce dernier est bénéfique, il indiquera du bien ; s'il est maléfique du mal : en effet, les bénéfiques indiquent toujours un accroissement du bien et les maléfiques une diminution du même bien [4].*

RÈGLE : *Lorsque la Conjonction se produit dans un angle du Ciel et principalement au Milieu du Ciel, sa signification et celle de la partie du signe où elle se trouve s'applique à la royauté. Si le signe*

[1] *Indicat motionem regum et divitum.*
[2] Cette règle donne bien la véritable manière d'entendre les expressions d'astre maléfique et bénéfique.
[3] Il faut donc ériger un thème pour le moment de chaque conjonction.
[4] Il s'agit du bien indiqué d'autre part dans le thème.

est bénéfique et son Seigneur fortuné, il y a indice de triomphe, de stabilité et de sécurité pour le trône. S'ils sont empêchés[1], *il y a présage de mort du roi et de révolution*[2].

RÈGLE : *Si une Conjonction moyenne quelconque a lieu signes humains, ainsi qu'il a été dit plus haut, elle présage une abondance de maladies.*

RÈGLE : *Une Conjonction qui se trouve dans un angle du thème de l'année annonce des revers de fortune pour les puissants et les rois, et des guerres nombreuses qui dureront jusqu'à ce qu'une semblable Conjonction se reproduise.*

RÈGLE GÉNÉRALE : *Les Conjonctions en signes de Feu indiquent la stérilité et la sécheresse du sol ; en signes d'Air, des vents violents ; en signes d'Eau, de grandes pluies ; en signes de Terre, la gelée et la neige.*

VIII. — RÈGLES GÉNÉRALES

§ 1. *Sur les changements de temps à toute époque et à toute heure*

C'est selon le total des dignités qu'une planète possède, selon ses qualités et celles des astres qui

[1] C'est-à-dire contrariés par des aspects maléfiques.
[2] *Regis interitum et dejectionem.*

la regardent qu'on la juge dispensatrice du temps.

Exemples : le Soleil à 23° du Bélier possède 4 dignités à cause de l'Exaltation et 3 à cause de la Triplicité, on doit donc le considérer comme médiocrement chaud et sec ; Vénus en son Domicile possède 5 dignités, on la considérera comme chaude et humide, etc.

Il faut remarquer toutefois que dans la prévision du temps, on ne doit faire grand cas d'une seule *dignité mineure*, c'est-à-dire de la Triplicité, Terme ou Face, mais plutôt du Domicile et de l'Exaltation et des regards chacun de ces lieux reçoit. Ptolémée dit, du reste, que si une planète est dans ses Dignités mineures (Triplicité, Terme ou Face), elle doit être négligée, à moins qu'elle ne se trouve à la fois dans deux de ces Dignités : en Terme et en Face par exemple, ou encore en Terme et en Triplicité.

Il convient de rappeler que quand une planète est Seigneur d'un signe, elle l'est de la totalité de ce signe ; ainsi, le Bélier est en totalité le Domicile de Mars, en totalité l'Exaltation du Soleil, en totalité la Triplicité du Soleil, mais les premiers dix degrés seulement sont la Face de Mars et les premiers six degrés seulement sont le Terme de Jupiter.

Ces distinctions ne sont pas très compliquées à faire pour prédire les changements horaires du temps.

§ 2. *Prévision de la chaleur*

Quand le Soleil est dans le Lion et Mars dans la première Face du Bélier ou en Trigone avec le Soleil, la chaleur est excessive.

Saturne quadrat au Soleil diminue la chaleur.

§ 3. *Prévision du froid*

Il faut considérer les Dignités des planètes froides. Saturne dans le Capricorne et dans le Verseau, c'est-à-dire en Domicile, dispose l'hiver selon sa nature et mitige beaucoup la chaleur de l'été avec Opposition du Soleil. A l'automne et au printemps, Saturne est pernicieux : il empêche la maturation des fruits et dessèche les fleurs ; on doit donc craindre particulièrement pour les vendanges à moins que Mars ou Jupiter ne s'interposent.

§ 4. *Abondance de pluie*

Les planètes humides ayant beaucoup de dignités, surtout si elles regardent en Trigone les planètes sèches situées en signes aqueux, occasionnent d'abondantes pluies.

Il faut prendre garde à certains changements de temps que les astrologues appellent *Ouvertures des Portes* [1] et qui sont causés par les mouvements des astres : ainsi quand la Lune, après avoir été en aspect ou Conjonction avec le Soleil, gagne Saturne ou Jupiter et ensuite Mercure, — ou gagne Mars et ensuite Vénus —, de grandes pluies et des tempêtes surviennent. Il faut donc aussi examiner si la Lune, après avoir été en aspect avec le Soleil, gagne Mercure ou Vénus et ensuite Jupiter, Saturne ou Mars.

De grands changements se produisent également lorsque deux planètes, qui ont leurs Domiciles opposés, entrent en Conjonction ou aspect, tels le Soleil et Saturne, — la Lune et Saturne, — Vénus et Mars, — Jupiter et Mercure.

§ 5. *Action particulière de la lune sur les vents*

Quand la Lune est située dans les signes de Terre, le temps est chargé et nébuleux, et les nuages courent à travers l'atmosphère, ou bien il y a tout au plus des nuages avec quelques ondées ou encore une pluie fine, à moins d'empêchement par suite de la présence ou de l'aspect d'une planète ou d'une étoile fixe.

Dans les signes d'Eau, la Lune donne au maxi-

[1] *Apertiones portarum.*

mum un temps pluvieux ou parfois froid et humide, à moins d'empêchement par suite de l'aspect d'une autre planète.

Dans les signes d'Air, elle fait un temps naturellement chaud et humdie et variable, tantôt serein, tantôt couvert, mais avec une tendance à être clair et serein, à moins d'empêchement par suite de l'aspect d'une autre planète.

Dans les signes de Feu, elle fait le temps clair, serein, beau.

Quand la Lune passe aux lombes du Lion [1], il pleut ou il y a tout au moins des nuages, à moins que par aspect ou présence une planète ou une étoile fixe ne s'interpose.

Il faut tenir compte des *Demeures de la Lune* [2] parce que chacune d'elles est sensiblement différenciée et produit des effets contraires à ceux de l'autre. (Voir au Livre VII suivant, la table qui a été dressée à seule fin de préciser ce point.)

[1] **Près de l'Etoile δ du Lion.**
[2] ***Mansiones Lunæ.*** (Voir à la fin du volume.)

LIVRE SIXIÈME

RECHERCHE DU VOLEUR ET DE L'OBJET VOLÉ

I. — CERTITUDE DE CETTE PARTIE DE L'ASTROLOGIE

Cette application de la science astrale se trouve confirmée dans ses résultats certains non seulement par la pratique et l'expérience des autres auteurs, mais encore par les miennes propres.

Nous avons vu, au début de cet ouvrage, comment les astres pouvaient, dans une certaine mesure, imposer la fatalité du crime et du vol, quoique la Mens possède un certain pouvoir sur les astres, et que ce ne soit pas sans raison que l'on ait dit : le sage domine le ciel[1]. Mais la

[1] Le sage dont il est question ici, c'est le *mage*, celui qui a reçu l'initiation. Le pouvoir sur les astres que cet homme possède alors, ou *semble* posséder, c'est celui que lui donne la pratique de la *Haute-Magie*.

Mens manque généralement aux hommes, ainsi que le fait remarquer Trismégiste : lorsque plusieurs personnes, affirme cet auteur, sont en train de bavarder, peu d'entre elles conservent leur Mens, sauf celles qui l'enfermèrent dans l'étui de la sagesse.

Pour prouver la certitude du sujet qui nous occupe, sans entreprendre une longue argumentation, je raconterai brièvement quelques expériences que j'ai faites et qui ne sont pas demeurées cachées.

Après avoir pris mon baccalauréat à Oxford, je me plongeai à fond dans les études mathématiques et, entre autres, dans la science astrale dont j'essayai de pénétrer les secrets. J'entrepris alors un travail sur les thèmes de nativité et la recherche du vol. Sur ces entrefaites, mon tuteur, le docteur en théologie Périn, dont je venais récemment d'abandonner la tutelle, vint à l'improviste me trouver dans mon logement ; il me raconta que, la nuit précédente, tout le linge de sa blanchisseuse avait disparu et me demanda, au cas où ma science astrologique serait en l'espèce compétente, de vouloir bien, par amour pour lui, tâcher de savoir en quel endroit le voleur se cachait. Je dressai donc un thème pour l'heure en question et j'examinai avec soin le Seigneur de l'angle d'Occident, lieu attribué au voleur : c'était Mars, il se trouvait au Cancer, en un signe d'Eau, et la

Lune lui était conjointe. J'en concluai hardiment que le voleur n'avait pu se rendre chez la blanchisseuse sans traverser l'eau ; et, en effet, il avait dû agir ainsi, puisque, avant de parvenir à l'endroit du vol, on était obligé de franchir la dérivation d'un fleuve qui coulait près de la demeure de la blanchisseuse. Ensuite, selon la méthode de Guidon et Sconer, je donnai le signalement du voleur : je déclarai qu'il devait être de taille médiocre, de chevelure rousse, avec des sourcis jaunâtres, etc., je donnai toutes sortes de détails. J'ajoutai qu'il n'avait pas encore quitté la paroisse et que le produit du vol n'était ni vendu ni dispersé. J'indiquai enfin qu'il se trouvait dans la partie orientale de la paroisse, et qu'il habitait une maison dont la porte présentait une marque spéciale, sorte de trou fait par le feu et arrangé en une étoile bizarre.

Quand ces propos furent rapportés à la blanchisseuse, elle désigna immédiatement une demeure répondant à la description, elle dit même l'avoir présente en quelque sorte à ses yeux et déclara que ses soupçons s'étaient déjà portés sur cet endroit. Elle s'y rendit avec l'officier de police appelé *Constable* et, dès le seuil, elle aperçut un individu qu'elle reconnut aussitôt à la couleur de ses cheveux et de ses sourcils. L'officier de police procéda à une enquête, découvrit des paquets de caleçons, deux cols et plusieurs autres petites pièces de linge et ainsi successivement tout ce qui avait disparu fut retrouvé.

A quelque temps de là, alors que je faisais avec application mes études en musique et que je sortais à peine de mon logis pendant la semaine entière, je reçus un jeudi la visite d'un jeune homme assez distingué qui faisait ses humanités au collège de la Madeleine, collège placé à l'Est de celui de Saint-Jean où j'allais. Nous dînâmes, ce jour-là, dans ma chambre. Mais le dimanche suivant, comme je me préparais à aller dîner chez un habitant de la ville où j'étais invité par l'intermédiaire d'un de mes amis, je m'aperçus que ma ceinture et le cordon pour y attacher l'épée, le tout valant bien dix louis de France, avaient disparu.

Je demandai si quelqu'un avait remarqué cette disparition ou fait à ce sujet quelque constatation ; je ne pus rien apprendre. J'érigeai alors, en désespoir de cause, le thème pour l'heure où j'avais eu connaissance de cette perte. Je trouvai Mercure Seigneur de la Maison VII et placé en Maison X assez fortuné. J'en conclus que le voleur était un jeune homme à la parole facile et même éloquent ; et, Mercure étant oriental comme les autres significateurs, j'en présumai que l'objet volé avait été transporté vers le *Sud*. Quand j'eus obtenu ces renseignements et que je possédai un signalement satisfaisant du voleur, je me mis tout à coup à penser à mon hôte du jeudi d'avant, lequel habitait le collège de la Madeleine, situé à l'*Est* du lieu du vol.

J'envoyai sans retard mon domestique chez ce jeune homme avec recommandation d'être poli et calme. Le jeune homme se dit innocent et jura n'avoir jamais touché aux objets en question. Or, comme j'avais reconnu que ces derniers étaient transportés vers le Sud, je dépêchai pour la seconde fois mon domestique non seulement chez ce même étudiant, mais aussi chez un autre, un adolescent qui se trouvait avec lui sur le moment où le vol avait été commis. Mon domestique emnloya vis-à-vis de ce dernier un langage véhément, le menaça même en affirmant énergiquement que lui seul possédait les objets perdus et les cachait dans un certain endroit près de l'église. Cet endroit m'était bien connu : l'étudiant y allait souvent entendre de la musique et rencontrer certaines femmes. Je donnai l'ordre à mon domestique de lui faire comprendre que j'étais au courant de ces détails, parce que l'horoscope révélait que les objets perdus étaient cachés vers le Sud : Mercure se trouvait en effet en un Domicile de Vénus, et j'en concluais que le voleur avait une passion pour la musique et les femmes.

Quand le malheureux entendit ce réquisitoire, il se mit aussitôt en avant pour couvrir son camarade, et, frappant le sol du pied, il affirma avoir été seul à commettre le larcin. Il ajouta que, du reste, depuis ce temps-là, il n'osait plus se présenter devant moi. Il pria mon domestique de ne pas ébruiter l'affaire, promettant en retour de me faire parvenir dès le lendemain, par l'intermédiaire d'un de ses amis, ma ceinture avec son cordon d'épée. Je reçus en effet ces objets enveloppés dans deux papiers très précieux pour moi : ceux-ci constituaient la preuve que le produit du vol avait été caché dans la demeure d'un musicien, située près de l'Université, où les étudiants allaient festoyer avec des femmes.

Cette restitution généreusement opérée, j'eus par la suite l'occasion de rencontrer cet étudiant. Il me conseilla d'abandonner mes pratiques astrologiques, « car, disait-il, ce n'est pas possible que vous ayiez personnellement de tels moyens : le Diable doit certainement y être pour quelque chose ! » J'écoutai, et le remerciai de ses conseils.

Je pourrais ici multiplier les exemples et raconter toutes mes expériences sur ce sujet : ce ne serait cependant qu'une suite longue et fastidieuse ; il vaut mieux passer, sans plus tarder, à la pratique et examiner les questions relatives au vol.

II. — QUESTIONS RELATIVES AU VOLEUR ET A L'OBJET VOLÉ

§ 1. *L'objet est-il perdu ou non ?*

Si le Seigneur de l'heure planétaire, ou le Seigneur de la Maison où se trouve la Lune est conjoint soit avec cette dernière soit avec le Seigneur de l'Ascendant, il y a toute probabilité pour que l'objet perdu n'ait pas été volé, mais soit caché dans quelque coin de la demeure du questionnant.

§ 2. *Les voleurs sont-ils un ou plusieurs?*

Voyez si la Lune se rencontre à l'angle de Terre et en signe bi-corporel[1], car dans ces conditions il y aurait plusieurs voleurs, si toutefois l'Ascendant est disposé de la même façon.

Si l'Ascendant se trouve en signe fixe, le voleur est unique.

Si le Seigneur de l'Ascendant est masculin et le Seigneur de l'heure planétaire féminin, — ou *vice versa* —, les voleurs sont un couple, homme et femme.

§ 3. *Le voleur est-il un homme ou une femme?*

Si le Seigneur de l'Ascendant et en même temps le Seigneur de l'heure planétaire soit l'un masculin et l'autre féminin, — comme il a déjà été dit — les voleurs sont deux : un homme et une femme[2].

[1] Gémeaux, Sagittaire, Poissons.

[2] Comme corollaire, cette proposition semble vouloir dire qu'il faille avoir les deux Seigneurs de même sexe pour que les voleurs soient d'un sexe unique correspondant.

§ 4. *Le voleur fait-il partie de la famille du volé ?*

Il faut considérer le Seigneur de la Maison VI ; s'il se trouve en Maison II, le voleur est de la famille du volé, c'est-à-dire qu'il lui est parent : frère, sœur, etc. Il en sera de même si le Seigneur de la Maison VI se rencontre dans les Maisons I ou III (d'après Bacon).

Si le Soleil et la Lune, en même temps, regardent à la fois l'Ascendant, le voleur est aussi de la famille du volé (d'après Alkindus).

Le Seigneur de la Maison VI, placé à l'Ascendant ou en Maison II, ou étant avec le Seigneur de la Maison II, indique que le voleur est un domestique ou une personne du ménage.

§ 5. *Le voleur est-il noble ?* [1]

Si le Significateur [2] est une planète bénéfique, et en particulier Jupiter, le voleur est de bonne famille et bien élevé, autrement, c'est le contraire.

[1] Le mot latin *nobilis* doit s'entendre à notre époque comme l'expression anglaise *gentleman* dont l'acception est bien connue.

[2] Le Seigneur de la Maison VII.

§ 6. *Quel âge a le voleur?*

Si la planète Significateur est orientale ou placée dans la quarte orientale du ciel [1], ou encore si la Lune est jeune [2], le voleur est jeune.

Mercure, surtout s'il se trouve oriental ou situé à l'Ascendant, indique toujours un enfant ou un jeune homme.

Tout Significateur — Saturne excepté — étant ainsi oriental ou à l'Ascendant, indique de même un enfant ou un jeune homme.

La conjonction du Significateur à Mercure ou à Vénus est également un signe de jeunesse.

§ 7. *Signalement du voleur?*

Le signalement du voleur est fourni tant par le Significateur lui-même que par les planètes ou les étoiles fixes auxquelles il est conjoint en longitude ou en latitude.

Les étoiles fixes donnent un aspect physique identique à celui que fournissent les planètes de

[1] En Maisons IX, VIII ou VII.
[2] C'est-à-dire entre la Conjonction et le premier quartier.

même nature. Ainsi, les étoiles de la nature de Mars procurent le même aspect physique que Mars procurerait.

Si le Significateur est conjoint au Nœud Descendant de la Lune, le voleur sera difforme, surtout si Saturne envoie un regard maléfique. Et la difformité concernera la partie du corps à laquelle corespond le signe où se trouve situé le Significateur.

On doit également examiner le signe de la Maison VII et les planètes ou les étoiles qui se trouvent à son cuspide : c'est en mélangeant leurs pronostics qu'on trouve le signalement du voleur.

En outre, le Significateur étant en Apogée, le voleur sera grand ; en Périgée, le voleur sera petit.

Il faut voir aussi de quelle nature sont et le Significateur et les astres avec qui il se trouve conjoint : en effet, si par nature il est humide et que soient humides les planètes et les étoiles voisines, le voleur sera plutôt gras ; si, au contraire, il est sec et ses conjoints pareillement, le voleur sera d'allure opposée.

On se reportera aux tableaux des déterminations stellaires,quant à l'aspect du corps de l'homme — tableaux que nous avons donnés au livre traitant des Signes Zodiacaux, et au suivant traitant des Planètes. Je m'en suis toujours servi pour donner le signalement descriptif exact d'une personne, mais je ne me fiais pas seulement au signe de la

Maison VII, je prenais aussi le Seigneur de cette Maison et le signe où ce Seigneur se trouvait.

Stature de l'homme selon les planètes

La taille d'un homme est :

Selon Saturne....	*oriental* : moyenne mais plutôt petite ; *occidental* : petite.	
— Jupiter.....	*oriental* : élancée ; *occidental* : moyenne mais plutôt grande.	
— Mars........	*oriental* : élancée ; *occidental* · moyenne mais plutôt grande.	
— Vénus......	*orientale* : moyenne mais plutôt grande ; *occidentale* : moyenne.	
— Mercure...	selon l'orientalité ou l'occidentalité du Dispositeur de Mercure. *(Nous appelons toujours Dispositeur le Seigneur du Signe.)*	
— Soleil....... — la Lune....	*se trouvant en leurs Domiciles*	selon la nature du signe occupé par ces astres.

Stature de l'homme selon les Signes Zodiacaux

La taille de l'homme est :

Selon le Bélier..........	moyenne mais plutôt grande.
— le Taureau.........	
— la Balance.........	
— le Scorpion........	
— le Lion.............	élancée.
— la Vierge...........	
— le Sagittaire.......	
— Le Cancer..........	petite.
— le Capricorne.....	
— les Poissons.......	
— les Gémeaux......	moyenne.
— le Verseau.........	moyenne mais plutôt grande.

RÈGLE : *Le commencement de chaque signe fait la taille plus grande et la fin plus petite.*

RÈGLE : *Les Gémeaux, la Vierge, la Balance, le Sagittaire, le Verseau, qui sont des signes humains, donnent un corps bien proportionné.*

Les autres signes prédisposent à un aspect physique variable.

RÈGLE : *La Lune se trouvant dans les Signes de haute taille l'augmente encore ; dans les Signes de petite taille elle la diminue.*

RÈGLE : *Le Soleil à l'Occident révèle une stature élevée et des cheveux blonds frisés.*

RÈGLE : *Les planètes orientales, par rapport au Soleil ou placées à l'Est dans le thème, allongent un peu la taille, surtout si elles sont en aspect avec Saturne.*

RÈGLE : *Les planètes qui se trouvent dans leur première station augmentent la vigueur du corps.*

RÈGLE : *Les planètes combustes diminuent la beauté générale, donnent de la lourdeur et de la gaucherie.*

Les planètes, dans leur seconde station, font les gens chétifs.

RÈGLE : *Mercure dans le Scorpion rend chauve.*

RÈGLE : *Saturne ou Mars, pérégrins et placés à l'Ascendant, font une tache au visage ; s'ils sont gênés par de mauvais regards, rétrogrades ou combustes, cette tache sera monstrueuse et épouvantable.*

RÈGLE : *Saturne, Significateur et situé dans le Cancer, donne une physionomie difforme et hideuse.*

RÈGLE : *La première moitié du Bélier, du Taureau et du Lion, dispose à grossir et la seconde moitié à maigrir.*

Règle : *La première moitié du Sagittaire, des Gémeaux, du Scorpion, donne une tendance à être maigre et chétif ; la seconde moitié à être gras et robuste.*

Règle : *La Vierge, la Balance, le Sagittaire, font les gens sains et bien proportionnés.*

Règle : *Les planètes rétrogrades donnent la corpulence et la disproportion dans les membres.*

Règle : *Les planètes dans leur première station révèlent un corps vigoureux et résistant, mais peu gras.*

Règle : *Les planètes directes donnent un signalement de maigreur.*

Règle : *Les planètes méridionales par rapport à l'écliptique signalent un aspect charnu, mais néanmoins svelte et agile ; les planètes septentrionales, par rapport à l'écleptique, rendent épais et lourd* [1].

§ 8. *Le questionnant s'est-il volé lui-même?*

Si Mars est Significateur du voleur et se trouve dans la Maison X, c'est le questionnant qui s'est volé lui-même.

[1] Toutes ces règles, bien entendu sont applicables en toute recherche astrologique, même et surtout en cas de nativité.

§ 9. — *De quel côté le voleur se trouve-t-il ou se cache-t-il ?*

On doit examiner le Seigneur de la Maison VII et, selon sa position, décider si le voleur s'est enfui vers l'Est ou l'Ouest.

§ 10. *Où se trouve caché l'objet perdu ou volé ?*

Selon que le Seigneur de l'heure planétaire est situé dans un signe oriental ou occidental, austral ou septentrional, l'objet disparu gît dans la quarte du plan de l'horizon correspondante.

On fait ensuite une distinction dans cette quarte horizontale d'après le Seigneur du signe où se rencontre le Seigneur de l'heure planétaire, en procédant de la même façon.

D'autre part, si la Lune est à l'Ascendant, l'objet perdu gît à l'Est ; si le Soleil est à l'angle d'Occident, l'objet perdu se trouve vers l'Ouest, — au Milieu du ciel, vers le Sud — à l'angle de Terre, vers le Nord[1].

[1] Si l'on veut pousser plus loin ses recherches, on n'aura qu'à examiner dans quel Signe se trouve ce Seigneur de l'heure planétaire et se reporter au tableau de la page 226 pour la correspondance des Signes avec les Pays et les Villes.

§ 11. *L'objet perdu ou volé se trouve-t-il loin de son propriétaire?*

La réponse à cette question se tire de la distance de la Lune au Seigneur de l'Ascendant. Si ces deux astres se trouvent dans une même quarte du ciel et à moins de 30° l'un de l'autre, l'objet volé est la demeure de son propriétaire ou aux environs immédiats. S'ils sont distants de plus de 30° et de moins de 70°, l'objet se trouve dans le même groupe d'habitations. Si la Lune et le Seigneur de l'Ascendant ne sont pas dans la même quarte du ciel, l'objet se trouve au loin.

§ 12. *Le vol sera-t-il connu ou demeurera-t-il ignoré?*

Si une planète en Pérégrination ne regarde pas le Seigneur de la Maison où elle est placée, que ce Seigneur ne la regarde pas non plus, que, en outre, ni les Luminaires, ni une planète pérégrine ne regarde l'Ascendant, et que les Luminaires n'ont pas d'aspect entre eux, alors le voleur ne pourra être découvert.

Mais si l'affirmative résulte des conditions précédentes, et surtout dans le cas de l'aspect des Luminaires avec l'Ascendant, le voleur sera d'autant plus aisément découvert que les astres précités se trouveront dans les angles du thème. En effet, si le Seigneur de la Maison où est placé le Significateur regarde les Luminaires ou seulement l'un d'eux, le vol sera d'abord peu ébruité, puis enfin publié.

Enfin, si le Seigneur de la Maison où est placé le Significateur regarde ce dernier et si les deux Luminaires sont à la fois en aspect entre eux et, par-dessus le marché, avec ledit Significateur et aussi avec l'Ascendant, les moindres détails du vol seront connus.

LIVRE SEPTIÈME

DU THÈME D'ÉLECTION

I. — DÉFINITION DE L'ÉLECTION ; SES DIFFÉRENTS GENRES

Les Astrologues appellent Election : *l'observation diurne et horaire*[1]. C'est, en somme, la recherche de l'opportunité des dispositions célestes pour agir avec le plus de succès possible.

L'Election est :

1°. *Une superstition* quand elle tombe dans les niaiseries de l'Astrologie inférieure et dans les pratiques altérées des Arabes et des Chaldéens, telles que incantations nécromantiques, apparitions d'esprits, pantacles et autres interventions du surnaturel.[2]

[1] C'est ce que les Grecs nommaient καταρχαί. L'Astrologie et la raison veulent, en effet, qu'un événement annoncé dans un thème quelconque ne se produise que si les astres en un jour et une heure donnés en disposent l'opportunité.

[2] Voir à ce sujet la note p. 14.

2°. *Une application scientifique*,

a). *Générale* en ce qui concerne les opérations de l'élevage des troupeaux, les travaux agricoles, l'édification des bâtiments.

b). *Particulière* en ce qui concerne :

1°. Les opérations médicales : saignées, absorption des remèdes, médication efficace des parties du corps, allaitement des enfants, hydrothérapie, coupe des cheveux.

2°. *Les opérations courantes* recherche des emplois et des honneurs, voyages, navigations, missions, changements, mariages.

Il faut en Election faire deux observations :

1). *L'observation diurne* pour le jour où la Lune rejoint la planète Significateur de l'objet de la question choisie [1], — ou encore pour le jour où le Significateur de l'objet en question parvient en un aspect heureux dans ses Dignités.

[1] *Electio* veut dire choix.

2). *L'observation horaire* pour le moment où se rencontrent dans les angles du ciel les Significations repérées dans le thème fondamental.

II. — UTILITÉ ET NECESSITÉ D'EXAMINER LES ÉLECTIONS PAR COMPARAISON AVEC LES THÈMES DE NATIVITÉ

La simple constatation des événements donne la raison de la nécessité d'étudier les thèmes de nativité en tenant compte des Elections. En effet, nous voyons souvent quelqu'un entreprendre un travail sans un bon aspect céleste et n'en retirer aucun détriment ni ennui ; tandis qu'un autre ciel — bien que favorable en général — peut être maléfique pour cet individu, et cela parce que l'Ascendant de l'Election contrarie l'Ascendant de la nativité.

Je suis, sur ce sujet, de l'opinion contraire à ceux qui soutiennent que les Elections peuvent être entreprises sans tenir compte du thème de nativité ; j'affirme énergiquement qu'aucune Election ne peut s'interprêter sans y comparer le thème de nativité, excepté dans quelques cas de médecine. Nous voyons, en effet, plusieurs traficants s'embarquer à la fois, à la même heure, sur le même navire et rentrer chez eux ensuite les uns avec du bénéfice, contents et enrichis, les autres avec de la perte, ennuyés et ruinés ; et ce fait ne peut se comprendre qu'en admettant des différences entre les divers thèmes radicaux des nativités.

Ce doit donc être un axiome en Astrologie qu'une bonne opoprtunité ne peut écarter le mal annoncé par un astre dans le thème radical de la nativité.

RÈGLE : *Une Election est efficace quand les Significateurs du thème radical aident la bonne disposition de cette Election.*

III. — OBSERVATION DES SIGNES EN ÉLECTION

En toute action ou entreprise un signe convient de préférence à un autre.

En effet, les signes sont :

1°. *Fixes ;* ceux-ci annoncent la stabilité des choses ; ils sont donc propices pour :

Bâtir des maisons ;
Etablir un campement ;
Planter des arbres ;
Contracter mariage, etc.

On devra donc entreprendre des affaires de ce genre dans le temps où un signe fixe possède le cuspide de l'Ascendant.

2°. *Mobiles ;* ceux-ci sont tout à fait le contraire des précédents ; ce qui commence alors que l'un d'eux se trouve à l'Ascendant est menacé d'une fin rapide ; donc, quand les signes mobiles se lèvent, ou pour mieux dire sont à l'Ascendant, on devra :

Ensemencer ;
Vendre ;
Acheter ;
Se fiancer, etc.

3°. *Communs* ou *moyens ;* ceux-ci participent des deux natures précédentes ; ils sont donc propices pour des entreprises d'un genre commun à chacune des deux espèces précitées, soit :

Conclure une association en vue d'un gain ou bénéfice ;
Soigner des maladies, etc.

RÈGLE : *Parmi les signes fixes les plus propices sont ceux de Terre ; parmi les signes mobiles, ceux d'Air et de Feu.*

RÈGLE : *Lorsque quelqu'un se presse vivement dans ses entreprises, se hâtant comme si le feu était derrière lui, il lui conviendra de choisir parmi les signes communs ceux de Feu ou tout au moins ceux d'Air.*

RÈGLE : *Pour planter des arbres ou bâtir une maison, les signes propices parmi les fixes sont ceux de Terre.*

Règle : *Quand on veut voyager par eau, on doit choisir parmi les signes mobiles ceux d'Eau et ainsi de suite.*

IV. — MÉTHODE D'ÉLECTION DES SIGNES ET DES PLANÈTES

On interprète d'abord le thème de nativité — ce qui devrait se faire avant tout — ou bien, si on ne peut pas, on considère le thème de l'heure où l'entreprise a commencé ; puis on observe la nature et la qualité du signe de l'Ascendant, lesquelles doivent convenir avec la nature et la qualité de ladite entreprise. La planète Significateur doit de même être bien en rapport avec la chose qu'elle indique.

Exemple :

Nous devons remarquer si les signes et les planètes Significateurs sont en rapport avec la question, soit :

Pour la guerre et la lutte	si le signe est martien et la planète Mars.
Pour les noces........	si le signe est vénusien et la planète Vénus.
Pour la fortune et les richesses........	si le signe est jupitérien et la planète Jupiter.

Règle : *Le thème de nativité étant connu, toute signification de ce thème doit toujours être apportée par le Seigneur de l'Ascendant du thème l'Election.*

Pareillement, toute planète qui indique dans le thème de nativité l'heureuse issue d'un événement doit en Election se trouver puissante en Ascendant ou en Maison X.

Exemple :

Si un roi doit partir en voyage, on doit examiner si la Maison IX et son Seigneur sont en rapport avec la question ; en outre, la Maison X de l'Election doit être l'Ascendant du thème de nativité et son Seigneur doit se trouver puissant et fortuné, soit à l'Ascendant, soit en Maison X[1].

Pareillement aussi on doit voir si la planète Seigneur de l'Ascendant et le Seigneur du signe dans lequel elle se rencontre sont en rapport avec la question.

Règle : *Les lieux de la Conjonction et de l'Opposition des Luminaires qui ont précédé le moment de l'Election, et le Seigneur de chacun de ces lieux doit également être en rapport avec la question.*

Règle : *La Lune ne doit pas se lever dans un thème d'Election parce qu'elle est maléficiée à l'Ascendant.*

Règle : *Le Soleil doit se trouver soit à l'Ascendant, soit dans un lieu significateur de la question.*

[1] Dans le thème d'Election.

soit dans le Bélier, soit dans le Lion, autrement il peut se considérer comme maléfique.

RÈGLE : *Le Seigneur de la Maison IV marque la fin des entreprises, s'il se rencontre dans cette Maison IV, ou s'il la regarde ; à défaut, cette indication sera fournie par le Seigneur de la Maison où se trouve la Lune, s'il regarde cet astre ou une planète qui aura été auparavant conjointe à la Lune.*

RÈGLE : *Dans toute Election, il faut prendre garde à ce que le Significateur de la question ne soit contrarié par une Opposition, Quadrature ou Conjonction d'une planète quelconque.*

Le Significateur, en effet, doit être éloigné de tout regard de ce genre, puissant et placé au Milieu du Ciel ou à l'Angle Oriental — avec lesquels la Lune doit être en Sextil, Trigone ou conjonction[1] *; il doit enfin regarder aussi bien Jupiter que Vénus.*

RÈGLE : *Dans la médication, on devra néanmoins procéder d'une façon contraire. Si, par exemple, l'intention du médecin est de dégager la tête, Mars ne devra pas être puissant, mais débile et infortuné, autrement la tête, par sa propre force, résistera à l'action des médicaments et ne pourra être débarrassée que fort peu ou pas du tout.*

[1] Cependant la Lune ne doit pas être conjointe à l'Angle Oriental, comme dit une Règle précédente.

Nous traiterons, du reste, spécialement des Elections en matière de thérapeutique dans notre traité du Microcosme.

Règle : *La Lune, dans un thème d'Election, doit être puissante et libre de toute entrave ; elle doit, en outre, se trouver dans un signe convenant à la question, signe mobile ou fixe, puisque l'un donne* aux entreprises la stabilité et l'autre la célérité.

La connaissance exacte des Demeures de la Lune est aussi très utile ; parce qu'en se reportant à leurs significations d'opportunité, on voit s'il est nécessaire d'ériger sur le champ un thème céleste et on trouve sans difficulté l'heure propice[1].

Nous donnons ci-après la table de ces Demeures de la Lune.

[1] Les Demeures de la Lune ne sont autre chose que des façons de dodécatémories du Zodiaque considéré au point de vue exclusivement lunaire. Les véritables hommes de science des âges passés ont toujours attribué une grande importance au passage de la Lune dans ces dites Demeures. Voir dans le *Formulaire de Haute Magie* du traducteur le tableau des Demeures magiques de la Lune d'après Picatrix.

Il y a lieu de faire remarquer au sujet du tableau suivant des Demeures de la Lune que les degrés y sont comptés dans chaque signe 1 à 30 selon la méthode ancienne ; tandis qu'aujourd'hui on a pour habitude de compter ces mêmes degrés de 0° à 29°.

TABLE DES 28 DEMEURES DE LA LUNE

SÉJOUR	SIGNE	DEGRÉS	MINUTES	PRONOSTIC DU TEMPS	OPPORTUNITÉ
1	♈	27	53	Tempéré	Partir en voyage se purger.
2	♉	10	45	Sec	Voyager par eau.
3	♉	23	37	Humide	
4	♊	6	29	Humide et très froid	Ensemencer.
5	♊	19	21	Sec	Prendre des médicaments partir en voyage.
6	♋	2	13	Tempéré	Ne pas semer.
7	♋	15	5	Humide	Semer, labourer — ne pas voyager.
8	♋	27	57	Nuageux et tempéré	Prendre des médicaments.
9	♌	10	49	Sec	Prendre des médicaments — partir en voyage.
10	♌	23	41	Humide	Ne pas partir en voyage.
11	♍	6	33	Tempéré et un peu froid	Semer, planter.
12	♍	19	35	Humide	Bâtir, planter, semer.
13	♎	2	17	Tempéré	Semer, labourer — partir en voyage.
14	♎	15	9	Tempéré	Prendre des médicaments, semer, planter.
15	♎	28	1	Humide	Creuser des puits, des canaux — ne pas voyager.

TABLE DES 28 DEMEURES DE LA LUNE (Suite)

SÉJOUR	SIGNE	DEGRÉ	MINUTES	PRONOSTIC DU TEMPS	OPPORTUNITÉ
16	♏	10	53	Froid et humide	Ne pas voyager, ni prendre de médicaments.
17	♏	23	45	Humide	
18	♐	6	37	Sec	Semer, bâtir, planter, naviguer.
19	♐	19	29	Humide	Ensemencer, planter, voyager, s'embarquer.
20	♑	2	21	Tempéré	
21	♑	15	13	Tempéré	Fonder des institutions, bâtir, semer.
22	♑	28	5	Humide	Prendre des médicaments — naviguer.
23	♒	10	57	Tempéré	Prendre des médicaments — voyager.
24	♒	23	49	Tempéré	Prendre des médicaments — ne pas voyager.
25	♓	6	41	Sec	Voyager vers le Sud et l'Ouest, principalement pour des luttes et procès.
26	♓	19	43	Sec	Prendre des médicaments.
27	♈	2	25	Humide	Prendre des médicaments — ne pas naviguer.
28	♈	15	17	Tempéré	Ensemencer — prendre des médicaments.

TABLE DES MATIÈRES

AVANT-PROPOS DU TRADUCTEUR :

TRADUCTION DU DE ASTROLOGIA :

LIVRE TROISIEME

LIVRE QUATRIEME

LIVRE CINQUIEME

LIVRE SIXIEME

LIVRE SEPTIEME

Imp. E. Rubat du Merac, Lons-le-Saunier.

www.ingramcontent.com/pod-product-compliance
Ingram Content Group UK Ltd.
Pitfield, Milton Keynes, MK11 3LW, UK
UKHW021850190726
13855UKWH00001B/240

9 782013 402491